机器学习系列

Go 语言机器学习实战

［澳］周轩逸（Xuanyi Chew）著
谭 励 连晓蜂 等译

U0171769

机械工业出版社

Go 语言是用于机器学习的一门重要语言。本书主要介绍了如何在 Go 语言中部署程序从而实现机器学习算法。主要内容包括：利用 Go 语言中的库和功能来配置机器学习环境，对实际生活中的房价数据集进行回归分析，在 Go 语言中构建分类模型来区分垃圾电子邮件，通过聚类整理个人推特账户的时间线。此外，本书还介绍了用神经网络和卷积神经网络进行手写体识别，以及以人脸检测项目为例，介绍了如何选择适合于具体项目的机器学习算法。

本书适合于从事人工智能、机器学习、Go 语言程序设计等相关工作的程序员、数据科学研究人员作为参考学习用书。

图书在版编目（CIP）数据

Go 语言机器学习实战/（澳）周轩逸（Xuanyi Chew）著；谭励等译. —北京：机械工业出版社，2020.3
（机器学习系列）
书名原文：Go Machine Learning Projects
ISBN 978-7-111-64589-4

Ⅰ. ①G…　Ⅱ. ①周…②谭…　Ⅲ. ①程序语言–程序设计　Ⅳ. ①TP312

中国版本图书馆 CIP 数据核字（2020）第 016169 号

机械工业出版社（北京市百万庄大街 22 号　邮政编码 100037）
策划编辑：任　鑫　责任编辑：任　鑫　闫洪庆
责任校对：陈　越　封面设计：马精明
责任印制：张　博
三河市宏达印刷有限公司印刷
2020 年 4 月第 1 版第 1 次印刷
184mm×240mm・14.75 印张・359 千字
0 001—4 000 册
标准书号：ISBN 978-7-111-64589-4
定价：79.00 元

电话服务　　　　　　　　网络服务
客服电话：010–88361066　　机　工　官　网：www.cmpbook.com
　　　　　010–88379833　　机　工　官　博：weibo.com/cmp1952
　　　　　010–68326294　　金　书　网：www.golden–book.com
封底无防伪标均为盗版　　机工教育服务网：www.cmpedu.com

译者序

Go 语言能够以其简单的语法结构清楚地描述复杂的算法。在机器学习算法中，使用 Go 语言使得程序更易于部署，其代码不仅容易理解和调试，还能够进行性能测试。

本书主要介绍了使用 Go 语言实现机器学习算法的相关内容，告诉读者如何在实际项目中选择最合适的机器学习算法。用机器学习算法可以解决现实生活中许多复杂的问题，本书用 Go 语言详细介绍了多种机器学习算法及其典型应用，这些应用都来自于实际问题。

本书首先介绍了两类机器学习算法：分类和回归。第 2～5 章分别给出了四个不同的例子：用线性回归预测房价、对垃圾邮件进行分类、利用时间序列分析分解二氧化碳的趋势、通过聚类整理个人推特账户的时间线。之后，本书又围绕机器学习中的识别算法进行了介绍。第 6 章和第 7 章分别是基于神经网络的手写体识别和基于卷积神经网络的手写体识别。最后第 9 章用人脸检测项目来阐述如何将外部服务集成到机器学习项目中以及如何选择适合的机器学习算法。

本书作者具有丰富的实践经验和深厚的理论背景知识。全书侧重于面向实际工程应用，内容深入浅出，易于理解。

本书主要由谭励、连晓峰进行翻译。唐小江、王敏基、董旭、周丽娜、宋艳艳、王浩宇、马子豪、贾惠、吕芯悦、董笑笑、周昊龙、彭璐、宋宇澄、干佳丽等人也参与了翻译工作。全书由连晓峰校正统稿。

本书适合于从事人工智能、机器学习等研究工作的相关人员、数据科学专业人士以及 Go 语言程序员参考学习使用。

由于译者水平有限，书中不当或错误之处恳请业内专家学者和广大读者不吝赐教。

原书前言

Go 语言是一种针对机器学习的良好编程语言。其语法简单，有助于清晰描述复杂算法，同时又不至于使得开发人员无法理解如何运行高效的优化代码。本书旨在阐述如何在 Go 语言中实现机器学习，使程序易于部署，代码易于理解和调试，同时还可进行性能测试。

本书首先介绍如何利用 Go 语言的库文件和功能来配置机器学习的环境。然后，进行了实际房价数据集的回归分析，并在 Go 语言中构建了分类模型，将电子邮件分类为垃圾邮件或正常邮件。利用 Gonum、Gorgonia 和 STL 进行时间序列分析和分解，以及通过聚类来整理个人推特账户的时间线。除此之外，还介绍了如何利用神经网络和卷积神经网络进行手写体识别，这两种神经网络都属于深度学习技术。在掌握了上述所有技术的基础上，将在人脸检测项目的帮助下介绍了如何在具体项目中选择最佳的机器学习算法。

在本书最后，你将树立一种坚实的机器学习思想，牢固掌握 Go 语言中功能强大的库文件，并对实际项目中机器学习算法的具体实现有深刻理解。

本书读者

如果你是一名机器学习工程人员，数据科学专业人员，或是一名想在实际项目中实现机器学习，想更容易实现更加智能的应用程序的 Go 语言程序员，那么本书就非常适合你。

本书主要内容

第 1 章 "如何解决机器学习中的所有问题"，介绍了两类机器学习：回归和分类。在该章结束时，你能够对用于构建机器学习程序的数据结构感到得心应手。大多数机器学习算法都是基于在此介绍的数据结构而构建的。接下来，将介绍 Go 语言机器学习，并启动和运行进一步的项目。

第 2 章 "线性回归——房价预测"，对实际房价数据集进行回归分析。在此将首先构建必要的数据结构来进行上述分析，并对数据集的初步探索。

第 3 章 "分类——垃圾邮件检测"，包括在 Go 语言中构建一个分类模型。数据集是典型的垃圾邮件和正常邮件，目标是构建一个能将电子邮件分类为垃圾邮件或正常邮件的模型。然后，介绍如何自行编写算法，同时利用外部库（如 Gonum）来支持数据结构。

第 4 章 "利用时间序列分析分解二氧化碳趋势"，该章体现了时间序列分析的独特作用。时间序列中的数据通常可根据不同的描述目的进行分解。该章展示了如何执行这种分解，以及如何利用 Gonum 绘图工具和 gnuplot 来进行显示。

第 5 章 "通过聚类整理个人推特账户的时间线"，包括推特上的聚类分析。该章使用了两种不同的聚类方法——K 均值和 DBSCAN。在该章中，将利用在第 2 章中所积累的一些技巧。另外，还将采用第 4 章中所用的相同库文件。除此之外，还使用了 Marcin Praski 聚类库。

第 6 章 "神经网络——MNIST 手写体识别",开启了图像识别的新领域。由于有用特征是输入特征的非线性积,因此图像处理相对较难。该项目的目的是介绍各种高维数据的处理方法,尤其是在 Gonum 库中用 PCA 算法来清洗数据。

第 7 章 "卷积神经网络——MNIST 手写体识别",阐述了如何利用深度学习的最新进展来进行手写体识别,并通过利用 Gorgonia 构建卷积神经网络,从而实现了 99.87% 的准确率。

第 8 章 "基本人脸检测",介绍了人脸检测的一种基本实现。在该章结束时,将能够利用 GoCV 和 PIGO 实现一个可用的人脸检测系统。该章为学习如何在工作中选择一种正确算法打下了重要基础。

第 9 章 "热狗或者不是热狗——使用外部服务",展示了如何将外部服务集成到机器学习项目中以及需要关注的注意事项。

第 10 章 "今后发展趋势",列出了在 Go 语言中进行机器学习所需的下一步发展途径。

目　录

第1章
如何解决机器学习中的所有问题

首先，欢迎学习本书。

这是一本比较特殊的书。这并不是一本介绍机器学习（ML）工作原理的书。事实上，最初是假设读者已熟悉掌握了后面章节中所介绍的机器学习算法。但这样又担心本书内容过于空洞。如果读者已了解机器学习算法，那么接下来的工作就是将机器学习算法简单应用到问题的具体背景中！这样的话，本书的 10 章内容将会在不到 30 页内介绍完。任何一个为政府机构编写过报告的人都具有这方面的经验。

那么本书究竟是关于什么内容的呢？

本书是关于在给定问题背景的特定情况下如何应用机器学习算法。这些问题可能是具体的，也可能是一时心血来潮而指定的，但为了探索机器学习算法在具体问题中的应用，读者首先必须熟悉算法和问题！因此，本书必须在理解问题和理解用于解决问题的具体算法之间达到一种平衡。在继续讨论之前，需先了解什么是问题、刚才所提到的算法又是什么意思，以及机器学习的作用是什么。

1.1 什么是一个问题

在口语交流中，问题是指需要克服的一些事情。如人们在讲到资金问题时，那么这个问题就可以通过拥有更多的金钱来解决。当有人提到数学问题时，那这个问题可能会通过数学方法来解决。用来解决问题的事物或过程称为解决方案。

在这一问题上，对我而言，定义这样一个常见的普通单词似乎有点奇怪。但要利用机器学习解决问题，就必须具有精确且清晰的概念。必须明确究竟想要解决什么问题。

一个问题可以分解成多个子问题。但在某种程度上，进一步分解这些问题不再具有任何意义。在此只是想提醒读者，问题有各种不同类型。由于问题的类型繁多，因此没有必要一一列举。尽管如此，还是应考虑问题的紧迫性。

如果正在开发一个照片管理工具（或许想要和 Google Photos 或 Facebook 竞争），那么识别照片中的人脸并不比在何处保存照片以及如何检索照片更为重要。如果不知道该如何解决后者，那么解决前者的所有现有技术都是无用的。

我认为，尽管紧迫性具有一定主观性，但在考虑较大规模的问题时，这是一种很好的衡量标准。针对一组更具体的示例，考虑三种都需要某种机器学习解决方案的场景，但所需的解决方案具有不同的紧迫性。这些例子显然都是虚构的，与现实生活没有任何关系。目的只

1

是阐述说明问题。

首先，考虑房地产咨询企业。整个企业的生存取决于是否能够正确预测待售房屋的价格，尽管也可能在某种形式的二级市场上赚钱。对这种企业来说，所面临的机器学习问题是非常紧迫的。必须完全理解解决方案的来龙去脉，否则就会面临倒闭的风险。鉴于常规的紧迫性/重要性划分，机器学习问题也可认为是重要且紧迫的。

其次，是考虑一家网上超市。超市想要知道哪些商品组合销售得最好，这样就可以将其捆绑在一起，使之更具竞争力。这并不是核心业务，因此相较于上一个例子，所面临的机器学习问题紧迫性相对较弱。但也有必要了解解决方案的工作原理。否则可以想象，算法提示将腹泻药和家用品牌的食品捆绑在一起会是什么情况。因此，这确实需要真正了解解决方案是如何实现的。

最后，考虑上面提到的照片应用程序。人脸识别是一个非常好的加分功能，但并不是主要功能。因此，在这三个场景中，该场景下的机器学习问题是最不紧迫的。

在解决问题时，不同的紧迫性程度也会导致要求不同。

1.2 什么是一个算法

1.1 节中多次提到了算法这一术语。在本书中，也广泛采用该词，但毕竟还是需谨慎使用。那么究竟什么是算法呢？

要回答上述问题，首先必须了解什么是程序？程序是指由计算机执行的一系列操作。算法是解决问题的一组规则。因此，机器学习算法是指用于解决某一问题的规则集。它是作为程序在计算机上实现的。

对我而言，在真正并深刻理解究竟什么是算法的过程中，最令人印象深刻的是我在 15 年前的一次经历。当时寄宿在一个朋友家。朋友有一个 7 岁大的孩子，在教授孩子学编程的过程中，由于孩子的理解问题而一直搞不懂语法规则，这让朋友很恼火。我猜测其根本原因是孩子没有完全理解算法的概念。在第二天早上，我们让孩子自己做早餐，要想吃上早餐，他就要按照母亲所列写的来完成一系列步骤。

早餐其实很简单，就是一碗牛奶燕麦片。尽管如此，孩子还是经过大约 11 次尝试才做好这碗燕麦片。最后孩子还流下了委屈的眼泪，并在操作台上弄撒了许多牛奶和燕麦片，但这对孩子来说是一次很好的教育。

这看起来似乎是在虐待儿童。但其实这对我有很大的启发。尤其是孩子对他妈妈和我所说的。大概意思是，现在你已经学会该如何做燕麦片了，为什么需要按照提示步骤来做呢？他妈妈回答道，这就好比是教我如何玩电脑游戏。在此就涉及算法的基本概念。教孩子如何制作燕麦片其实就是教孩子如何编程；这本身就是一种算法！

机器学习算法可以是指一种用于学习的算法，或告知机器采用正确算法的算法。在本书的大部分内容中，将主要是指后者，但如果将前者看作是一种思维训练也是很有用的。自图灵之后的大部分研究工作，都可用机器来代替算法。

在学习下一节之前，最好花一些时间来领悟上述内容。这将有助于在重温时深刻领会我所表达的含义。

1.3　什么是机器学习

什么是机器学习？正如字面意思，是通过机器学习来完成某些工作。尽管机器不能像人类一样学习，但绝对可以模仿人类的某些学习方式。但机器应该学习什么呢？不同的算法可以学习不同的内容，但在此主要讨论的是机器学习程序。或用不太准确的术语来说，机器学习完成正确的事情。

什么是正确的事情呢？在此并不是要讨论哲学上尚未解决的复杂问题，正确的事情其实是作为计算机编程人员的我们所定义的正确内容。

机器学习系统有多种分类形式，最常见的有两类：监督学习和无监督学习。在本书中，会介绍这两类学习的示例，但我认为这种分类方式是直接存在于大脑中的认知区域，而不是操作上的重要区域。这是因为除了少数一些著名算法之外，无监督学习仍处于不断探索研究中。监督学习也同样，但在行业应用上要早于无监督学习。这并不是说无监督学习的学术价值较低——一些不再是学术界热门的研究方法反而证明是非常有用的。本书将在某一章中深入讨论 K–均值和 K–最近邻（KNN）方法。

假设现在已有一种机器学习算法。不过该算法是一个黑箱——对内部无从得知。只是提供一些数据。那么通过其内部机制，可以产生一个输出。该输出结果可能不正确。所以需检查输出结果是否正确。如果不正确，就会更改其内部机制，并反复尝试，直到输出正确结果为止。这就是机器学习算法的一般工作原理。这一过程称为训练。

当然，这需要有"正确"的概念。在监督学习的情况下，人们向机器提供正确的样本数据。在无监督学习的情况下，正确与否取决于其他指标，如输出值之间的距离大小。每种算法都各有所长，但一般来说，机器学习算法都是如上所述的。

1.4　是否需要机器学习

或许最令人疑惑的一个问题是，是否真正需要机器学习来解决问题。毕竟，需要一个充分的理由来解释为什么在本节来讨论这一问题——必须真正了解确切的问题是什么，并在提出问题之前了解具体算法是什么：确实需要机器学习吗？

首先一个问题是，是否存在一个需要解决的问题？我想答案是肯定的，因为毕竟我们芸芸众生都是在这个世界上生存并融入其中。即使是隐世的苦行僧也有其需要解决的问题。也许这一问题应更加具体些：是否存在一个可通过机器学习来解决的问题？

对此，我曾进行了大量咨询，且在早期咨询时，对大多数咨询需求都是持肯定意见。这正是在年轻且缺乏经验时所采取的行为。在肯定回应后常常会出现各种问题。事实证明，应对商业领域以及计算机科学具有更全面的了解后，才能进行更好的咨询服务。

对我而言，随之而来的一个常见问题是，通常需要信息检索解决方案，而并非机器学习解决方案。几年前所收到的需求总结如下：

您好 Xuanyi：

我是＊＊＊。我们几个月前在 YYYY 会议上认识的。我的公司目前正在构建一个提取实体之间关系的机器学习系统。不知您是否有兴趣聊一聊？

当然，这种能够激发我兴趣的关系提取是机器学习中一项极具挑战性的任务。当时我还很年轻，非常渴望能解决一下棘手的难题。所以我和这个公司具体商谈，并根据一些表层信息来得出具体需要计算什么内容。我推荐了几种模型，这些都受到了极大关注。最后构建了一个基于支持向量机的模型，然后开始具体实现。

任何一个机器学习项目的第一步都是先收集数据。因此开始着手处理。但令我惊讶的是，数据都经过明确分类，且实体也已识别完成。此外，这些实体间存在一个静态不变的关系。一种实体类型与另一种实体类型之间具有一种固定不变的关系。那么机器学习的问题是什么呢？

这是我在经过一个半月的数据收集之后提出的问题。需要做什么？已经具有干净的数据和明确的关系。所有新数据之间也有明确关系。那么需要机器学习做什么？

后来发现，这些数据都来自于当时法律所要求的手动输入。实体关系的定义相当严格。他们真正需要的唯一数据需求是一个清理过的数据库实体关系图。由于数据库结构非常复杂，因此他们没有了解其所需要做的工作就是定义一个外键关系来强制执行这一关系。当需要数据时，这些数据都是来自于个体 SQL 查询。这根本就不需要机器学习！

对于公司的数据库管理员团队，这就是他们所一直强调的内容。

这件事对我有一个启发：在花时间进行研究之前，一定要先搞清楚是否真的需要机器学习解决方案。

从那以后，我就决定采用一种非常简单的方法来确定是否真正需要机器学习。以下就是我的经验法则：

1）问题是否可以形式化为"给定 X，想要预测 Y"。

2）对于一个"是什么"问题通常是值得怀疑的。一个"是什么"问题大概是"我想要知道 X、Y、Z 产品的转换率是什么"。

1.5 一般问题解决过程

只有满足一般法则，才会进一步参与。对我而言，一般的问题解决过程如下：

1）明确问题。

2）将问题转换为更具体的描述。

3）收集数据。

4）进行探索性数据分析。

5）确定将要采用的正确机器学习解决方案。

6）构建一个模型。

7）训练模型。

8）测试模型。

纵观本书所有章节，都将按照上述过程。探索性数据分析部分只在前几章中进行。这意味着在后面的章节中将要执行上述步骤。

另外，我尽量在章节标题中明确所要解决的问题，但毕竟写作是一项艰巨的任务，因此难免有些疏漏和不足。

1.6　什么是一个模型

所有模型都是不完美的，但有些却是非常实用的。

现在，如果现实世界中存在一个能够由任一简单模型精确表征的系统，那将是非常显著的成果。然而，巧妙选择的简化模型往往能够提供非常有效的近似结果。例如，通过一个常数 R 建立的"理想"气体压力 P、体积 V 和温度 T 之间的定律 $PV = RT$，并不适用于所有实际气体，但该定律可提供有用的近似值，且由于是从气体分子行为的物理现象出发的，从而使得其结构具有丰富信息。

对于这样一种模型，不必再质疑"模型是正确的吗?"如果"正确"的概念是"完全真实"，那答案肯定是"不正确"。其实，唯一感兴趣的问题是"模型是否具有启发性和实用性?"

——George Box（1978）

模型训练是一种非常普遍的方法，尽管受到类似《生活大爆炸》的嘲讽。但模型训练并不是真正训练。首先，规模不同。模型训练并不要求按实际训练所需的方式执行。目前模型训练有不同等级，每种等级都要比上一级更接近于实际训练。

从这个意义上来说，模型就是现实世界的一种表征。那么需要用什么来表征呢? 总的来说，就是数字。一个模型其实是一组描述现实世界的数字，或更多一些。

在每次试图解释什么是模型时，都会得到这样的回答："你不能把模型简化为一堆数字!"那么我所说的"数字"是什么意思?

以下图所示的直角三角形为例:

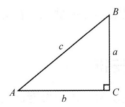

如何描述所有直角三角形? 可以具体描述如下:

$$\angle ABC + \angle BCA + \angle CAB = 180°$$

$$\exists \angle = 90°$$

这意味着在一个直角三角形中所有角度之和为 $180°$，且存在一个 $90°$ 的角度。这就足以描述笛卡儿空间中的所有直角三角形。

但这描述的是三角形本身吗? 并非如此。从亚里士多德时代起，这一问题就一直困扰着哲学家们。在此并不讨论哲学问题，否则将会导致本章没完没了。

针对本章目的，我们将模型定义为描述现实世界的一些值，以及产生这些值的算法。这些值通常是数字，尽管也可能是其他类型。

1.6.1　什么是一个好的模型

模型是一组描述现实世界的值,以及产生这些值的程序。对此,已从前面得出。现在需要对模型进行一些具体评判——这一模型是好还是坏。

一个好的模型需要能对现实世界进行准确的描述。这也是最一般的表征形式。因此,这一关于好模型的表述包含了很多概念。接下来,必须对这一抽象概念更加具体化。

机器学习算法是通过一组数据进行训练的。对于机器而言,这一组数据就是现实世界。但对于我们而言,提供给机器用于训练的数据并不是现实世界。对人类来说,对现实世界的了解要比机器知道的更多。所以在提到"一个好的模型需要对现实世界准确描述"时,其中的"现实世界"一词具有两种含义——机器所知道的现实世界和人类所了解的现实世界。

机器只能看到我们所了解的现实世界的一部分。对于现实世界中的其他部分,机器还一无所知。因此,若能够针对未知的输入提供正确的输出,那么这就是一个好的机器学习模型。

以一个具体的例子为例,假设现在有一个能够确定一幅图像是否是热狗图像的机器学习算法。在此仅提供了热狗和汉堡的模型图像。对机器来说,现实世界就仅仅是热狗和汉堡的图像。如果将蔬菜图像作为输入传递给机器会产生什么结果呢?一个好的模型可以归纳,并判断这不是一个热狗;而一个差的模型只能崩溃。

由此可知,一个好的模型的定义是指其能够很好地对未知情况进行归纳。

通常,作为构建机器学习系统过程中的一部分,我们希望对这一概念进行测试。因此,需要将数据集拆分为测试数据集和训练数据集。机器将在训练数据集上进行训练,一旦训练完成,就可以将测试数据集输入机器来测试该模型的性能优劣。当然,这要假设机器对测试数据集完全未知。因此,一个好的机器学习模型能够在对测试数据集完全未知的情况下生成正确的输出结果。

1.7　本书主要内容与章节安排

下面是关于本书写作方式的一些说明。正如可能已猜到的,我决定采用一种更具对话性的方式来完成本书。因为发现这种语气会对那些不熟悉机器学习算法的读者更为友好。如果还没注意到的话,其实我在写作方式上是相当固执己见的。在整个写作过程中,我尽量阐述清楚基本概念和注意事项。最终效果由读者自行确定。但作为一份快速指南,在讲到算法及其工作原理时,只是简单描述。而在讨论应完成什么功能,以及如何编写代码时,会详细介绍。

本书中各章的组织通常有两种模式。第 1 种是,随着章节的继续问题越来越难;第 2 种是,可能会选择性地将这些章节分为三部分。第 1 部分——第 2 章,线性回归——房价预测;第 3 章,分类——垃圾邮件检测;第 4 章,利用时间序列分析分解二氧化碳趋势;第 7 章,卷积神经网络——MNIST 手写体识别;第 8 章,基本人脸检测,这些都对应于面临紧迫性机器学习问题的读者。第 2 部分——第 5 章,通过聚类整理个人推特账户的时间线;第 9 章,热狗或非热狗——采用外部服务;第 6 章,神经网络——MNIST 手写体识别;第 7 章,卷积神经网络——MNIST 手写体识别;第 8 章,基本人脸检测,这适用于具有与第二个示例相似的机器学习问题的读者。第 3 部分是本书最后两章，主要针对机器学习问题并不是很紧迫，但仍需解决的读者。

在第 8 章之前，每一章都会有 1～2 节来专门解释算法本身。我坚信，如果没有基本了解所采用的算法，那么就无法编写出任何有意义的程序。当然，也可以直接利用他人提供的算法，但如果没有正确理解，也是没有意义的。有时毫无意义的程序可能会产生结果，但这类似于有时大象貌似会进行算术运算，或宠物狗似乎会做出类似说话的行为。

这也意味着可能听起来我对一些想法不屑一顾。例如，我对使用机器学习算法来预测股票价格就很不屑。我认为这不会产生什么富有成效的结果，因为我比较了解股票市场产生价格的基本过程，以及时间对此产生的混杂效应。

然而，时间会证明一切。可能会有一天，某人提出一种机器学习算法可以很好地应用于动态系统，但目前肯定没有。当今正处于一个计算新纪元的开创期，必须要尽量更好地理解这些技术。重温历史，我们可以学到很多。因此，我也尽量介绍一些相关技术产生的历史背景。但这绝不是一个全面的综述。事实上，这也没有太多的规律性。不过，还是希望这些内容能增添本书的趣味性。

1.8 为什么选择 Go 语言

本书是一本关于采用 Go 语言实现机器学习的书。Go 语言是一种相对较为独特的编程语言。只要掌握 Go 语言，就无需学习其他语言了。这似乎有些霸道，但它确实提供了非常愉悦的编程体验。另外，也会极大提高团队的工作效率。

此外，与 Python 相比，Go 语言是一种高效的编程语言。我目前几乎完全采用 Go 语言来完成机器学习和数据科学工作。

Go 语言还具有跨平台开发的优势。在开发过程中，开发人员可以选择在不同的操作系统上进行开发。Go 语言在所有操作系统上都能有效运行。利用 Go 语言编写的程序还可以在其他平台上交叉编译。这会使得部署更加容易。完全没有必要和 Docker 或 Kubernetes 混在一起。

那么利用 Go 语言来实现机器学习有什么不足之处吗？仅对库文件开发人员会有影响。一般来说，可以直接使用 Go 语言中的机器学习库。但为了能够直接使用，必须摒弃之前的编程方式。

1.9 快速启动

首先安装 Go 语言，可在 https：//golang. org 上找到安装文件。另外，这个网站还提供了关于 Go 语言的详细指南。接下来，就可以快速启动了。

1.10 函数

函数是在 Go 语言中进行各种计算的主要方法。
下面就是一个函数：
```
func addInt(a, b int) int { return a + b }
```
可以调用 func addInt(a，b int)，这是一个函数签名。函数签名由函数名、参数和返回类

7

型组成。

函数名是 addInt。注意要采用正确格式。函数名采用骆驼拼写法，这是 Go 语言中首选的名称拼写法。若函数名的首字母大写，如 AddInt 表明该函数需导出。总体而言，在本书中，不必考虑导出或非导出的函数名，这是因为我们主要使用函数。但如果编写一个包，那就需要注意大小写。导出名称可从包外获得。

接着，需要注意 a 和 b 都是参数，且均为 int 型。稍后将会讨论数据类型，同样的函数也可写为

```
func addInt(a int, b int) int { return a + b }
```

然后，是函数的返回值。该函数 addInt 返回一个 int 型。这意味着函数被正确调用时，如：

```
z := addInt(1, 2)
```

返回的 z 是一个 int 型。

定义返回类型后，{…} 是函数体。若在本书中给出 {…}，意味着函数体的内容对于所讨论的内容而言并不重要。书中的某些部分可能包含了函数体的片段，但没有给出函数签名 func foo（…）。同样，这些片段也是针对所正在讨论的内容。希望读者能根据书中的上下文分析出整个函数。

一个 Go 语言函数可以返回多个结果。函数签名类似于：

```
func divUint(a, b uint) (uint, error) { ... }
func divUint(a, b uint) (retVal uint, err error) { ... }
```

同样，区别主要在于返回值的命名。在第二个示例中，返回值分别命名为 retVal 和 err。retVal 是 unit 型，而 err 是 error 型。

1.11 变量

一个变量的声明如下：

```
var a int
```

这表示 a 是一个 int 型变量，意味着 a 可以包含类型为 int 型的任何值。典型的 int 型应是 0、1、2 等值。上述语句读起来似乎有些奇怪，但实际上通常都是这么使用的。int 型的所有值通常也都是 int 型。

上述是一个变量声明，接下来要将一个值赋予该变量：

```
s := "Hello World"
```

在此，是定义 s 为一个字符串，且值为 "Hello World"。语法：= 只能出现在函数体中。主要是使得程序员不必输入var s string = "Hello World"。

关于变量的用法需注意：Go 语言中的变量应看作是一个具有名称的容器，其中包含具体值。变量名称很重要，因为这可以告知读者其包含的值的信息。然而，变量名称也不一定非要体现具体不同之处。我就经常用 retVal 来命名返回值，再在别处命名一个不同的名称。具体示例如下：

```
func foo(...) (retVal int) { ... return retVal }
func main() {
    something := foo()
    ...
}
```

至今，我已教授编程和机器学习多年，相信这是每个程序员都必须克服的困难。一些学生或初学者经常会对命名的差异有所困惑。他们可能更喜欢这样：

```
func foo(...) (something int) { ... return something }
func main() {
    something := foo()
    ...
}
```

这没有问题。但从经验上来说，这往往会削弱抽象思维的能力，而这种能力是一项非常重要的技能，尤其是在机器学习中。在此，建议应习惯使用不同的名称，这会提高抽象思维能力。

尤其是，变量名称并不会突破我朋友 James Koppel 所说的抽象隔离。什么是抽象隔离呢？函数就是一种抽象隔离。无论函数体内部发生什么，都只是发生在函数体内部，并不能被编程语言中的其他内容访问。因此，如果在函数体中命名了一个值 fooBar，则 fooBar 的含义仅在该函数中有效。

稍后将会分析另一种抽象隔离的形式——包。

1.11.1 值

值是程序所处理的内容。如果编写了一个计算器程序，那么该程序的值就是数字。如果编写了一个文本搜索程序，则值就是字符串。

现在程序员要处理的程序要比计算器程序复杂得多。需要处理不同类型的值，包括数值型（int、float64 等）、文本型（字符串）等。

一个变量都具有一个值：

```
var a int = 1
```

这行代码表示 a 是一个值为 1 的 int 型变量。这在之前的 "Hello World" 字符串示例中已分析过。

1.11.2 类型

与所有主流编程语言（包括 Python 和 JavaScript）一样，Go 语言中的值也都是具有不同类型的。但与 Python 或 JavaScript 不同，Go 语言中的函数和变量也必须具有不同类型。这意味着下列代码将会导致程序无法编译：

```
var a int
a = "Hello World"
```

这在学术界之外称为强类型。而在学术界内，强类型通常没有什么意义。

Go 语言还允许程序员自定义类型：

```
type email string
```

在此，定义了一个新的类型 email。其基本类型其实是一个字符串。

那为何要这么做呢？考虑下列函数：

```
func emailSomeone(address, person string) { ... }
```

如果两个参数都是字符串型，那么就很容易出错——可能会错误地执行以下操作：

```
var address, person string
address = "John Smith"
person = "john@smith.com"
emailSomeone(address, person)
```

事实上，也可以执行 emailSomeone（person，address），程序仍然可以正确编译！

但如果 emailSomeone 定义如下：

```
func emailSomeone(address email, person string) {...}
```

那么下列代码就无法编译：

```
var address email
var person string
person = "John Smith"
address = "john@smith.com"
emailSomeone(person, address)
```

这其实是一件好事——可以防止错误发生。在此不再赘述。

Go 语言还可允许程序员自定义复杂类型：

```
type Record struct {
    Name string
    Age int
}
```

在此，定义了一个称为 Record 的新类型，这是一个包含两种值的 struct：string 型的 Name 和 int 型的 Age。

什么是一个 struct？简单而言，struct 就是一个数据结构体。Record 中的 Name 和 Age 称为 struct 的字段。

如果熟悉 Python，那么 struct 就相当于一个元组，但作用相当于一个 NamedTuple。与 JavaScript 中最相近的是对象。同理，与 Java 中最相近的是一个普通的 Java 对象；在 C# 中，与之最相近的是一个普通的 CLR 对象；在 C + + 中，则等效为一个普通数据。

请注意，在此使用了最相近和等效这两个词。之所以着重介绍了 struct，是因为在读者熟悉的大多数编程语言中，可能具有某种形式的 Java – esque 对象。struct 并不是一个类。只是描述在 CPU 如何排列数据的一种定义。因此，可以等效于 Python 中的元组而不是类，或新的数据类。

给定一个 Record 型的值，可能需要提取其内部数据，可以按如下执行：

```
r := Record {
    Name: "John Smith",
    Age: 20,
}
r.Name
```

上述代码表明了：

- 如何编写一个结构体类型的值——只需给出类型名称，然后在字段中填写内容即可。
- 如何读取结构体中的字段——采用了语法 . Name。

在本书中，将采用 . FIELDNAME 作为一个符号来获取特定数据结构的字段名。希望读者能够根据上下文理解所讨论的数据结构。有时也会采用完整结构（如 r. Name）来明确所讨论的字段。

1.11.3 方法

假设已编写了上述函数，并如上所述定义了 email 型：
```
type email string

func check(a email) { ... }
func send(a email, msg string) { ... }
```
注意，email 总是函数参数中的第一个类型。

调用函数如下：
```
e := "john@smith.com"
check(e)
send(e, "Hello World")
```
如果想要在 email 型中调用一种方法，可以进行如下操作：
```
type email string

func (e email) check() { ... }
func (e email) send(msg string) { ... }
```
（e email）称为方法的接收器。

在定义了方法之后，就可以直接调用：
```
e := "john@smith.com"
e.check()
e.send("Hello World")
```
注意观察函数和方法的不同。check(e) 变成 e.check()。send(e,"Hello World") 变成 e.send("Hello World")。除了语法上的不同之外还有什么区别吗？答案是几乎没有。

Go 语言中的方法与 Go 语言中的函数完全相同，且方法的接收器作为函数的第一个参数。这与面向对象编程语言中类的方法不同。

为何要着重讨论方法呢？主要是方法非常巧妙地解决了表达式问题。为了了解具体如何实现，接下来将介绍将这一切联系起来的 Go 语言的特性：接口。

1.11.4 接口

接口是一组方法。可以通过列出所有支持的方法来定义接口。例如，考虑以下接口：
```
var a interface {
    check()
}
```
其中，定义 a 是一个具有 interface｛check()｝ 类型的变量。这到底是什么意思呢？

这意味着可以对 a 赋予任何值，只要该值的类型包含一个称为 check() 的方法。

这有什么作用呢？当考虑完成相似作用的多种类型时，这就非常有用。考虑以下情况：
```
type complicatedEmail struct {...}

func (e complicatedEmail) check() {...}
func (e complicatedEmail) send(a string) {...}

type simpleEmail string

func (e simpleEmail) check() {...}
func (e simpleEmail) send(a string) {...}
```

11

现在，要编写一个函数 do，完成以下两种功能：

- 检查邮件地址是否正确。
- 对邮件发送"Hello World"。

那么就需要两个 do 函数：

```go
func doC(a complicatedEmail) {
    a.check()
    a.send("Hello World")
}

func doS(a simpleEmail) {
    a.check()
    a.send("Hello World")
}
```

相反，如果两个函数的函数体相同，那么就可以写为

```go
func do(a interface{
    check()
    send(a string)
}) {
    a.check()
    a.send("Hello World")
}
```

这或许有些难以理解。因此需要对接口命名：

```go
type checkSender interface{
    check()
    send(a string)
}
```

然后对 do 简单地重新定义：

```go
func do(a checkSender) {
    a.check()
    a.send("Hello World")
}
```

关于在 Go 语言中对接口命名的一些注意事项。通常在接口命名中以 – er 为后缀。如果某种类型的功能是 check()，则接口名称应为 checker。这会使得接口名称较短。一个接口只能定义少量的方法——较大的接口意味着程序设计不佳。

1.11.5　包和导入

最后，讨论包和导入的概念。对于本书的大部分内容，所描述的项目都是存在于一个称为 main 的包中。main 包是一个特殊的包。编译 main 包可生成一个实际运行的可执行文件。

尽管如此，将代码分别封装到多个包中也是一个好方法。包是之前所讨论的一种关于变量和名称的抽象隔离形式。可以从包外部访问导出的名称。另外，导出的结构字段也可从包外部访问。

要导入一个包，需要调用位于文件顶部的 import 语句：

```go
package main
import "PACKAGE LOCATION"
```

在本书中，将会明确介绍要导入的内容，尤其是 Go 语言标准库中未包含的外部库。将

会用到其中的一些库，因此会明确说明。

Go 语言强制执行了代码规范。如果导入一个包而并未使用，那么程序将无法编译。再次重申，这是非常有必要的，因为这可避免在以后的某个时刻造成困惑。我使用了一种称为 goimports 的工具来管理各种导入。一旦保存文件后，goimports 就会自动添加 import 语句，并从中删除所有未使用的包。

要安装 goimports，可在终端中执行以下命令：

```
go get golang.org/x/tools/cmd/goimports
```

1.12 开始

本章主要讨论了什么是一个问题以及如何将问题建模为机器学习问题。然后还学习了 Go 语言的基本知识。下一章将深入讨论第一个问题：线性回归。

在此，强烈建议事先熟悉 Go 语言的使用。如果已经知道如何使用 Go 语言，那么就可以开始下一步了！

第 2 章
线性回归——房价预测

　　线性回归是世界上一种历史悠久的机器学习概念。最早出现于 19 世纪初期，目前仍是理解输入输出之间关系的一种较为常用的方法。

　　线性回归的基本思想相对简单。通常认为一些事物之间存在着相关性。有时这些相关性实质上是一种因果关系。然而在相关性和因果关系之间又存在着一些非常细微的区别。比如，在夏天，冰淇淋和冷饮的销量较高，而在冬天，热可可和咖啡的销量会更高。由此可能会得出是季节本身导致了销量的变化——这本质上是一种因果关系。但真的是这样吗？

　　在没有进行深入分析之前，最好是认为这之间存在着一种相关性。夏天与冷饮和冰淇淋的年销售量增加有关，而在某种程度上，冬天与热饮的年销售量增加有关。

　　线性回归的核心就是分析理解事物之间的关系。目前，可以通过多种方式来理解线性回归，在此将通过机器学习的方法来进行观察和理解。也就是说，希望在给定某些输入的情况下，建立一个能够准确预测结果的机器学习模型。

　　最初提出线性回归概念的原因正是希望通过相关性来实现预测的目的。高尔顿是达尔文的堂兄，出生于一个医生世家。在经历了一次精神崩溃后，他放弃了医学研究，开始以地质学家的身份环游世界——这正是地质学家最引以为傲的工作（正如今天的数据科学家一样）——然而，据说高尔顿并没有达尔文那样的勇气，由于对非洲的经历感到厌倦，他很快就放弃了环游世界的想法。在父亲去世后，高尔顿继承了父亲的财产，并涉猎了所有能激发其想象力的事情，其中包括生物学。

　　达尔文的巨作 *On the Origin of Species*《物种起源》的出版促使高尔顿在生物学和优生学方面加倍努力。巧合的是，高尔顿采用了与孟德尔相同的方式在豌豆上进行了实验。他曾想在只具有关于亲本植物特征信息的情况下预测后代植物的特征。后来他发现后代往往介于亲本植物的特征之间。这时高尔顿意识到可以通过拟合椭圆曲线来推导出表征遗传的数学方程，由此提出了回归方法。

　　回归的推理很简单：存在着一种驱动力——某种信号——驱动后代植物的特征朝向所拟合的曲线。如果是这样的话，意味着该驱动力遵循了某种数学定律。高尔顿认为如果确实遵循了一定的数学定律，那么就可以用于预测。为了进一步完善他的想法，特意求助了数学家皮尔逊。

　　高尔顿和皮尔逊经过多次尝试来完善这一概念并对预测趋势进行量化。最终采用了最小二乘法来拟合曲线。

直到今天，在提到线性回归时，仍可以不假思索地假设采用最小二乘模型，这正是实现线性回归所需完成的工作。

然后进行探索性数据分析——这将有助于更好地理解数据。在此过程中，需要构建和使用机器学习项目所需的数据结构。在此，完全按照 Gonum 的绘图库执行。之后，执行线性回归，对结果进行解释说明，并分析机器学习技术的优缺点。

2.1 项目背景

本项目的目的是构建一个房价模型。在此将开源的房价数据集（https：//www. kaggle. com/c/house – prices – advanced – regressiontechniques/data）应用于线性回归模型。具体而言，该数据集包含了马萨诸塞州艾姆斯地区已售房屋价格及其相关特征的所有数据。与任何一个机器学习项目一样，首先要从最基本的问题开始：想要预测什么？在本例中，已明确是要预测房价，因此所有其他数据都将用作预测房价的信息。在统计学术语中，房价称为因变量，而其他字段则称为自变量。

下面将构建一个逻辑依赖条件图，然后在此基础上将其作为一个规划，编写构建线性回归模型的程序。

2.2 探索性数据分析

探索性数据分析是任何建模过程中的一个重要组成部分。同时，在具体应用中深入理解算法也很重要。鉴于本章主要是介绍线性回归，那么就需要从理解线性回归的角度来探索数据。

首先，先观察一下数据。在此建议任何热衷于机器学习的数据科学家首要的工作是探索数据集或其中的一个子集，以便对此有所了解。我通常是在电子表格应用程序（如 Excel 或 Google Sheets）中执行此操作。然后，试着以人类的方式来理解这些数据的含义。

该数据集附带了字段描述，在此不再一一列举。然而，部分字段描述会对本章的后续讨论有所启发：

- SalePrice：房屋销售价格（单位为美元）。这是要预测的因变量。
- MSSubClass：建筑类型。
- MSZoning：房屋区域一般分类。
- LotFrontage：房屋邻街的直线距离（单位为 ft$^{\ominus}$）。
- LotArea：房屋面积（单位为 ft^2）。

理解线性回归可以有多种方式。然而，我最常用的方式是直接与探索性数据分析相关联。具体来说，是从自变量的条件期望函数（CEF）角度来理解。

一个变量的 CEF 即为该变量的期望值，并取决于另一个变量的值。这似乎是一个不易理解的问题，因此下面对此从三种不同角度来进行解释：

- 从统计学角度：在给定协变量向量 $\overline{X}$ 的条件下，因变量 Y 的 CEF 即为 $X = X_i$ 时 Y 的期望值（平均值）。

$\ominus$　1ft = 0. 3048m，后同。

- 从 SQL 伪代码编程角度：select avg （Y）from dataset where X = 'Xi'。若是在多条件下，CEF 为 select avg （Y）from dataset where X1 = 'Xik' and X2 = 'Xjl'。
- 从具体示例角度：如果其中一个自变量（如 MSZoning）为 RL 时，那么预期房价是多少？预期房价若是购房平均价，这意味着，在波士顿的所有房屋中，区域类型为 RL 的房屋平均售价是多少？

就目前而言，这只是对于 CEF 的一个相对墨守成规的解释，CEF 的定义中还有一些细微之处，但这已超出本书讨论的范畴，在此不再赘述。现在，对 CEF 的大概理解已足以进行探索性数据分析。

值得注意的是，SQL 伪代码编程的概念很有用，因为这清晰地表明了需要做什么，以便可以快速计算聚合数据。另外，还需要创建索引。由于数据集较小，因此用于数据索引的数据结构可以相对简单。

2.2.1 数据摄取和索引

索引数据的最佳方法是在数据摄取时进行索引。在此将使用 Go 语言标准库中的 encoding/csv 包来摄取数据并构建索引。

在深入研究代码之前，首先了解一下索引的概念，以及如何构建索引。虽然索引常用于数据库中，但其实也适用于任何实际系统。索引的目的是允许快速访问数据。在本例中是要构建一个索引，能够随时知道哪些行有值。在具有大规模数据集的系统中，需使用更复杂的索引结构（例如 B 树）。对于本例中的数据集，采用基于映射的索引就足够了。

具体的索引形式如下：[ ] map [string][ ] int——这是一条映射。第一部分是列索引，意味着如果想要获取第 0 列，只需输入 index [0]，并返回 map [string][ ] int。映射关系反映了列中的具体值（映射的键）以及哪些行中包含这些值（映射的值）。

现在，问题就变为如何确定哪些变量与哪一列相关联？通常是采用类似于 map [string] int 的形式，其中键表示变量名，值表示列号。尽管这是一种非常有效的方法，但我更倾向于将 [ ] string 作为索引和列名之间的关联映射。搜索复杂度为 $O(N)$，但大多数情况下，如果已命名变量，则 N 很小。在后面的章节中，将会出现非常大的 N 值。

综上所述，在此将列名索引返回为 [ ] string，或在读取 CSV 文件时，直接将其作为第一行，如下列代码段所示：

```
// ingest是一个摄取文件并输出文件头、数据和索引的函数。
func ingest(f io.Reader) (header []string, data [][]string, indices
[]map[string][]int, err error) {
  r := csv.NewReader(f)

  // 处理文件头
  if header, err = r.Read(); err != nil {
    return
  }

  indices = make([]map[string][]int, len(header))
  var rowCount, colCount int = 0, len(header)
  for rec, err := r.Read(); err == nil; rec, err = r.Read() {
```

```
    if len(rec) != colCount {
      return nil, nil, nil, errors.Errorf("Expected Columns: %d. Got %d
columns in row %d", colCount, len(rec), rowCount)
    }
    data = append(data, rec)
    for j, val := range rec {
      if indices[j] == nil {
        indices[j] = make(map[string][]int)
      }
      indices[j][val] = append(indices[j][val], rowCount)
    }
    rowCount++
  }
  return
}
```

读过上述代码段之后，一个经验丰富的程序员会产生思索，为什么都是字符串？答案很简单：稍后将会进行类型转换。现在，进行探索性数据分析只需一些基本的计数统计。

键位于函数返回的索引中。现在已知具有唯一值的列数。接下来，下列代码给出了如何计算它们：

```
// 基数统计列中唯一值的个数。
// 假设索引号i表示一列。
func cardinality(indices []map[string][]int) []int {
  retVal := make([]int, len(indices))
  for i, m := range indices {
    retVal[i] = len(m)
  }
  return retVal
}
```

在此基础上，就可以分析每列的基数，即有多少个不同的值。如果每列中的不同值与行中的个数相同，那么就可以确定该列不是一个类别列。或者，如果已知某列是类别列，且其中的不同值与行中的个数相同，那么就可确定该列不能用于线性回归。

具体主函数如下：

```
func main() {
  f, err := os.Open("train.csv")
  mHandleErr(err)
  hdr, data, indices, err := ingest(f)
  mHandleErr(err)
  c := cardinality(indices)

  fmt.Printf("Original Data: \nRows: %d, Cols: %d\n========\n", len(data),
len(hdr))
  c := cardinality(indices)
  for i, h := range hdr {
    fmt.Printf("%v: %v\n", h, c[i])
  }
  fmt.Println("")

}
```

出于完整性考虑，定义 mHandleErr 如下：

```
//  mHandleErr是主函数的错误处理程序。
//  如果在主函数中发生错误，则不会记录该错误，并立即退出程序。
func mHandleErr(err error){
  if err != nil {
    log.Fatal(err)
  }
}
```

快速执行 go run*.go，可得以下结果（经截取后）：

```
$ go run *.go
Rows: 1460
========
Id: 1460
MSSubClass: 15
MSZoning: 5
LotFrontage: 111
LotArea: 1073
SaleCondition: 6
SalePrice: 663
```

由此可获得很多重要信息，其中最主要的是，分类数据要比连续数据多得多。此外，对于一些本质上连续的列，只有少数离散值可用。一个特殊情况是 LowQualSF 列，这是一个连续变量，但只有 24 个唯一值。

另外，希望计算离散协变量的 CEF，以便进一步分析。但在此之前，需要先清洗数据。在处理数据的同时，可能还需要创建一个数据结构的逻辑分组。

2.2.2　数据清洗工作

数据科学工作很大一部分都集中在数据清洗上。在实际应用系统中，这些数据通常是直接从数据库中获取，且已经相对干净（高质量的实用化数据科学工作需要一个包含干净数据的数据库）。但是，目前尚未进入实用模式，仍处于建模阶段。不过，编写一个专门的数据清洗程序会有很大帮助。

首先分析一下数据需求：针对已有数据，每列都是一个变量——其中大多是独立变量，最后一列是因变量。有些变量是分类变量，而有些是连续变量。那么，任务就是编写一个函数，可将数据从当前的 [ ][ ] string 转换为 [ ][ ] float64。

为此，需要将所有数据都转换为 float64 型。对于连续变量，这是一项简单的任务，只需将字符串解析为浮点型即可。但仍需要进行一些特殊处理，希望你在打开电子表格文件时就能够发现这些问题。不过，主要的困难在于将分类数据转换为 float64 型。

幸运的是，相比于几十年前，现在可以更好地解决该问题。现有一种编码方案，能够允许分类数据与线性回归算法很好地配合使用。

1. 数据编码分类

对分类数据进行编码的一种技巧是将分类数据扩展为多个列，且每列的值为 1 或 0 以表示是真还是假。当然，这也存在着一些必须谨慎处理的注意事项和细节问题。后面将通过一个真正的分类变量来进一步阐述。

以 LandSlope 变量为例。LandSlope 变量可能有三种值：

- Gtl。
- Mod。
- Sev。

下面是一种可能的编码方案（通常称为独热编码）：

Slope	Slope_Gtl	Slope_Mod	Slope_Sev
Gtl	1	0	0
Mod	0	1	0
Sev	0	0	1

　　这是一种糟糕的编码方案。要理解为什么这么说，首先必须通过一般最小二乘法来理解线性回归。在此不深入介绍具体细节，只是给出基于 OLS（正交最小二乘法）的线性回归公式如下（我非常喜欢该公式，以至于将其印在很多 T 恤上）：

$$\boldsymbol{\beta} = (\boldsymbol{X}'\boldsymbol{X})^{-1} (\boldsymbol{X}'\boldsymbol{Y})$$

式中，$\boldsymbol{X}$ 是一个 $m \times n$ 矩阵；$\boldsymbol{Y}$ 是一个 $m \times 1$ 向量。因此，这并不是直接相乘，而是矩阵乘法。若线性回归采用独热编码，得到的输入矩阵（$\boldsymbol{X}'\boldsymbol{X}$）通常是一个奇异矩阵，换句话说，即矩阵的行列式为 0。奇异矩阵的问题在于其不可逆。

　　为此，提出下列编码方案：

Slope	Slope_Mod	Slope_Sev
Gtl	0	0
Mod	1	0
Sev	0	1

　　在此，看到 Go 语言可使得零值在数据科学领域得到非常有效的应用。实际上，在处理之前的未知数据时，对分类变量进行巧妙编码会产生更好的效果。

　　不过由于编码问题涉及内容太多，在此不再深入讨论。但是如果已有可以部分排序的分类数据，那么当处理未知数据时，只需将未知数据编码为最接近的有序变量值，其结果将会略好于编码为零值或使用随机编码。在本章的后面部分将会详细讨论。

　　2. 处理脏数据（坏值）

　　数据清洗的另一项工作是处理脏数据（坏值）。LotFrontage 变量是一个很好的示例。由数据描述可知，这应该是一个连续变量。因此，所有数值都应可以直接转换为 float64 型。但是，通过观察数据，发现事实并非如此，其中有些数据为 NA。

　　由描述可知，LotFrontage 是指房屋与街道之间的直线距离。NA 可能意味着两种情况，即

- 缺少房屋是否临街的相关信息。
- 房屋不临街。

　　无论哪种情况，将 NA 替换为 0 都是合理的。这是因为 LotFrontage 中的次小值是 21。当然，还有其他方法来插补数据，并且经过插补通常会产生更好的模型。但在本例中，只是用 0 来进行插补。

　　另外，还可以直接对该数据集中的任何其他连续变量执行相同操作，这是因为将 NA 替换为 0 后，这些变量的值会变得更有意义。例如，在具体使用时会有提示语句：该房屋的 GarageArea 未知。如果是这种情况，那么该如何判断呢？一般情况下，会认为该房屋没有车

库，所以可用 0 替代 NA。

值得注意的是，在其他机器学习项目中可能不是这种情况。要知道人类的判断可能是错误的，但这往往是处理非结构性数据的最佳解决方案。如果你恰好是一名房地产经纪人，并且拥有丰富的专业知识，那么就可以在数据插补阶段结合相应的专业知识，例如，你可以通过变量来计算和估计其他变量。

至于分类变量，大多可以将 NA 视为零值变量，那么即便存在 NA，也不会有什么不同。而一些分类数据，NA 或 None 都没有意义。这正是上述巧妙分类编码的用武之地。对于下列这些变量，可将最常见的值作为零值：

- MSZoning。
- BsmtFullBath。
- BsmtHalfBath。
- Utilities。
- Functional。
- Electrical。
- KitchenQual。
- SaleType。
- Exterior1st。
- Exterior2nd。

此外，有些变量是分类变量，而数据是数值型的。在该数据集中，MSSubclass 变量正是如此。该变量本质上是一个分类变量，但其数据又是数值型的。在对这些分类数据进行编码时，将其按数值大小进行排序是很有意义的，这样，零值就是最小值。

3. 确定需求

尽管现在只是建模阶段，但希望在建模时要考虑到将来的具体应用。这是指一个执行线性回归的可实际应用的机器学习系统。因此，在编写函数和方法时，都必须考虑实际应用中可能发生的任何问题，而这些问题可能不会出现在建模阶段。

以下是需要考虑的一些问题：

- 未知值：需要编写一个能够对未知值进行编码的函数。
- 未知变量：在未来某个时刻，可能会输入一些不同的数据，其中可能包含在建模时未知的变量。这时必须处理该问题。
- 不同的插补策略：不同的变量需要不同的策略来猜测缺失的数据。

4. 编写代码

到目前为止，只是在脑海中进行了数据清洗工作。我认为这是一个更有价值的训练：在实际清洗之前，先在思路上清洗数据。这并不是因为我之前处理过所有非结构性数据而非常有信心。相反，喜欢这个过程是因为在此期间理清了需要做什么工作，而这反过来又对分析所需的数据结构有所帮助。

一旦理清思路，就是通过代码来进行验证了。

首先，从 clean 函数开始：

```go
// 提示信息是一个用于表明是否为分类变量的布尔值切片
func clean(hdr []string, data [][]string, indices []map[string][]int, hints
[]bool, ignored []string) (int, int, []float64, []float64, []string,
[]bool) {
    modes := mode(indices)
    var Xs, Ys []float64
    var newHints []bool
    var newHdr []string
    var cols int

    for i, row := range data {

        for j, col := range row {
            if hdr[j] == "Id" { // 跳过id

            continue
            }
            if hdr[j] == "SalePrice" { // 在Ys中增加SalePrice
              cxx, _ := convert(col, false, nil, hdr[j])
              Ys = append(Ys, cxx...)
              continue
        }

        if inList(hdr[j], ignored) {
          continue
        }

        if hints[j] {
            col = imputeCategorical(col, j, hdr, modes)
        }
        cxx, newHdrs := convert(col, hints[j], indices[j], hdr[j])
        Xs = append(Xs, cxx...)

        if i == 0 {
          h := make([]bool, len(cxx))
          for k := range h {
            h[k] = hints[j]
          }
          newHints = append(newHints, h...)
          newHdr = append(newHdr, newHdrs...)
        }
    }
    // 添加偏差量

    if i == 0 {
      cols = len(Xs)
    }
  }
  rows := len(data)
  if len(Ys) == 0 { // 可能没有Ys(即test.csv文件)
    Ys = make([]float64, len(data))
  }
  return rows, cols, Xs, Ys, newHdr, newHints
}
```

clean 获取数据（以［］［］string 格式），并在之前构建的索引作用下，希望构建一个 Xs（这是 float64 型）和 Ys 矩阵。在 Go 语言中，这是一个简单的循环。在此将读取输入数据并尝试进行转换。另外，还输入了一个提示信息来帮助判断变量应看作是分类变量还是连续变量。需要特别说明的是，任何年份变量的处理都是有争议的。一些统计学家认为应将年份变量视为一个离散的非分类变量，而一些统计学家则认为正好相反。我认为这并不重要。如果将一个年份变量作为分类变量来处理能够改善模型的话，那么就一定要这么做。但这通常不太可能。

上述代码的目的是将字符串转换为 [ ] float64 型，这正是 convert 函数的作用。在此，将稍微分析一下该函数，不过需要注意的是，在转换之前必须对数据进行插补。这是因为 Go 语言中的切片数据类型很规范。[ ] float64 只能包含 float64 型数据。

尽管也可以用 NaN 来替换任何未知数据，但这没有任何用处，尤其是在分类数据的情况下，NA 或许还有实际的语义含义。因此，在转换之前需要对分类数据进行插补。imputeCategorical 函数如下：

```go
// imputeCategorical 函数是利用分类值模式来替换"NA"
func imputeCategorical(a string, col int, hdr []string, modes []string)
string {
if a != "NA" || a != "" {
  return a
}
switch hdr[col] {
case "MSZoning", "BsmtFullBath", "BsmtHalfBath", "Utilities",
"Functional", "Electrical", "KitchenQual", "SaleType", "Exterior1st",
"Exterior2nd":
  return modes[col]
}
return a
}
```

该函数的作用是，如果一个值不是 NA 且不是空字符串，那么就是一个有效值，需提前返回。否则，需考虑是否将 NA 作为一个有效类别返回。

对于某些特定的分类问题，NA 不是一个有效类别，需由最常见的值来替换。这需要合乎逻辑，比如，在一个没有电、没有燃气、没有浴缸的地方搭建一个简易房是极其罕见的。现有一些技术可以解决该问题（如 LASSO 回归），但我们现在并不打算这样做。相反，我们利用模式值来进行替换。

模式值是在 clean 函数中计算得到的。下面是一个非常简单的查找模式值的函数，只需查找长度最大的值并返回该值：

```go
// 模式是对每个变量查找最常见的值
func mode(index []map[string][]int) []string {
  retVal := make([]string, len(index))
  for i, m := range index {
    var max int
    for k, v := range m {
      if len(v) > max {
        max = len(v)
        retVal[i] = k
      }
    }
  }
  return retVal
}
```

　　在对分类数据进行插补之后，将所有数据转换为 [ ] float 型。对于数值数据，会产生只具有单个值的元素。但对于分类数据，会产生 0 和 1 的元素。

　　在本章中，数值数据中的任何 NA 都将转换为 0.0。还有其他一些策略可稍稍改善模型结果，但这些策略较为复杂。

　　这样，转换代码就很简单：

```go
// convert 函数是将字符串转换为浮点型切片
 func convert(a string, isCat bool, index map[string][]int, varName string)
([]float64, []string) {
  if isCat {
    return convertCategorical(a, index, varName)
  }
  // 在此故意忽略错误，因为float64的零值即为零。
  f, _ := strconv.ParseFloat(a, 64)
  return []float64{f}, []string{varName}
}

// convertCategorical是一个基本函数，可将一个分类变量编码为一个浮点型切片。
// 在此还不具备智能化
// 编码器将映射的第一个值作为默认值，将其编码为[]float{0,0,0,...}
func convertCategorical(a string, index map[string][]int, varName string)
([]float64, []string) {
  retVal := make([]float64, len(index)-1)

  // 重要提示：Go语言实际上是随机访问映射，因此需要对键值进行排序。
  // 优化之处：该函数可设为状态值。
  tmp := make([]string, 0, len(index))
  for k := range index {
    tmp = append(tmp, k)
  }

  // 数值"类别"应按数值进行排序
  tmp = tryNumCat(a, index, tmp)

  // 查找NA，并用0替换
  var naIndex int
  for i, v := range tmp {
    if v == "NA" {
      naIndex = i
      break
    }
  }
  tmp[0], tmp[naIndex] = tmp[naIndex], tmp[0]

  // 生成编码
  for i, v := range tmp[1:] {
    if v == a {
      retVal[i] = 1
      break
    }
  }
  for i, v := range tmp {
```

```
      tmp[i] = fmt.Sprintf("%v_%v", varName, v)
    }

    return retVal, tmp[1:]
}
```

需要注意 convertCategorical 函数。其中的代码有些过于冗长，但这会更易理解。因为 Go 语言随机访问映射，所以获取键列表并对其进行排序非常重要。这样就可以保证所有后续访问都是确定的。

该函数还具有优化空间，即将该函数设为一个状态函数可实现进一步优化，但对于本例项目，不必进行优化。

这时，主函数如下：

```
func main() {
 f, err := os.Open("train.csv")
 mHandleErr(err)
 hdr, data, indices, err := ingest(f)
 mHandleErr(err)
 fmt.Printf("Original Data: nRows: %d, Cols: %dn=======n", len(data),
len(hdr))
 c := cardinality(indices)
 for i, h := range hdr {
  fmt.Printf("%v: %vn", h, c[i])
 }
 fmt.Println("")
 fmt.Printf("Building into matricesn============n")
 rows, cols, XsBack, YsBack, newHdr, _ := clean(hdr, data, indices,
datahints, nil)
 Xs := tensor.New(tensor.WithShape(rows, cols), tensor.WithBacking(XsBack))
 Ys := tensor.New(tensor.WithShape(rows, 1), tensor.WithBacking(YsBack
 fmt.Printf("Xs:\n%+1.1snYs:\n%1.1sn", Xs, Ys)
 fmt.Println("")
}
```

代码的输出结果为

```
Original Data:
Rows: 1460, Cols: 81
========
Id: 1460
MSSubClass: 15
MSZoning: 5
LotFrontage: 111
LotArea: 1073
Street: 2
   ⋮
Building into matrices
============
Xs:
⎡ 0 0 ⋯ 1 0⎤
⎢ 0 0 ⋯ 1 0⎥
   ⋮
⎢ 0 0 ⋯ 1 0⎥
⎣ 0 0 ⋯ 1 0⎦
Ys:
C[2e+05 2e+05 ⋯ 1e+05 1e+05]
```

注意，虽然原始数据有 81 个变量，但在完成编码后，变为 615 个变量。这正是要传递给回归的内容。此时，经验丰富的数据科学家可能会注意到一些与之不太相称的情况。例如，由于变量个数（615）与观察数（1460）太接近，由此可能会有一些麻烦。稍后将会解决这些问题。

另外需要注意的是，要将数据转换为 * tensor. Dense。在此可将 * tensor. Dense 数据结构看作一个矩阵。这是一种高效的数据结构，具有很多优点，后面将会用到。

2.2.3 进一步的探索性工作

至此，仅采用这些矩阵并对其进行回归非常诱人。尽管该方法可行，但未必会产生最佳结果。

1. 条件期望函数（CEF）

在此，继续考虑最初的目的：分析变量的 CEF。幸运的是，现在已具有必要的数据结构（即索引），因此编写函数查找 CEF 相对容易。

具体代码块如下：

```
func CEF(Ys []float64, col int, index []map[string][]int)
map[string]float64 {
  retVal := make(map[string]float64)
  for k, v := range index[col] {
    var mean float64
    for _, i := range v {
      mean += Ys[i]
    }
    mean /= float64(len(v))
    retVal[k]=mean
  }
  return retVal
}
```

在变量保持不变时，此函数用于查找房价的条件期望值。可以针对所有变量进行分析，不过在本章中，仅以 YearBuilt 变量为例进行分析。

现在，YearBuilt 是一个需要深入分析的变量。这是一个分类变量（1950.5 毫无意义），但也完全可以排序（1945 小于 1950）。由于 YearBuilt 变量有很多值。因此，不必全部输出，而是通过下列函数绘制出来：

```
//  plotCEF函数可绘制CEF。在此只能绘制CEF。
//  还可以绘制更高级的图表，来显示更多细微差别以有助于理解数据。
func plotCEF(m map[string]float64) (*plot.Plot, error) {
  ordered := make([]string, 0, len(m))
  for k := range m {
    ordered = append(ordered, k)
  }
  sort.Strings(ordered)

  p, err := plot.New()
  if err != nil {
    return nil, err
```

```
    }

    points := make(plotter.XYs, len(ordered))
    for i, val := range ordered {
        // 如果val可以转换成浮点数，我们将使用它
        // 否则，我们将继续使用索引
        points[i].X = float64(i)
        if x, err := strconv.ParseFloat(val, 64); err == nil {
            points[i].X = x
        }

        points[i].Y = m[val]
    }
    if err := plotutil.AddLinePoints(p, "CEF", points); err != nil {
        return nil, err
    }
    return p, nil
}
```

主函数不断扩展，现在又增加了以下内容：

```
ofInterest := 19 // 利息的变量在第19列
cef := CEF(YsBack, ofInterest, indices)
plt, err := plotCEF(cef)
mHandleErr(err)
plt.Title.Text = fmt.Sprintf("CEF for %v", hdr[ofInterest])
plt.X.Label.Text = hdr[ofInterest]
plt.Y.Label.Text = "Conditionally Expected House Price"
mHandleErr(plt.Save(25*vg.Centimeter, 25*vg.Centimeter, "CEF.png"))
```

运行该程序可生成下图：

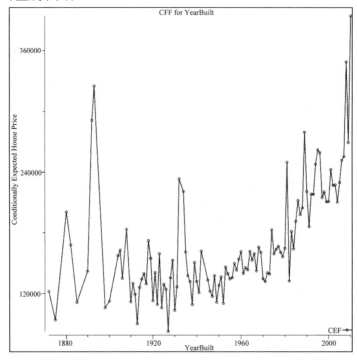

通过观察上图，我非常惊讶。尽管我对房地产行业并不是特别熟悉，但直觉认为老房子的价格会更高。因为在我看来，房子就像美酒一样，房子越旧，价格越贵。显然，情况并非如此。

应对尽可能多的变量进行 CEF 分析。但由于篇幅有限，不能一一赘述。

2. 偏差（数据纠偏）

现在，分析一下房价数据的分布情况：

```
func hist(a []float64) (*plot.Plot, error){
  h, err := plotter.NewHist(plotter.Values(a), 10)
  if err != nil {
    return nil, err
  }
  p, err := plot.New()
  if err != nil {
    return nil, err
  }

  h.Normalize(1)
  p.Add(h)
  return p, nil
}
```

并将以下部分添加到主函数：

```
hist, err := plotHist(YsBack)
mHandleErr(err)
hist.Title.Text = "Histogram of House Prices"
mHandleErr(hist.Save(25*vg.Centimeter, 25*vg.Centimeter, "hist.png"))
```

这时可得下图：

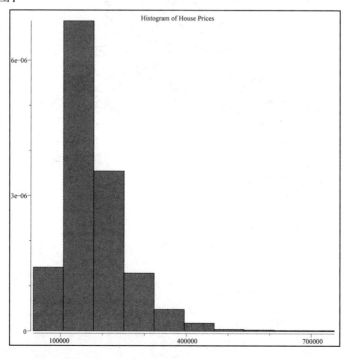

由图可知，房价直方图略有点偏。不过好在可以通过运行一个记录值的日志并加 1 的函数来进行修正。标准库为此专门提供了一个函数：math. Log1p。因此，需在主函数中添加以下内容：

```
for i := range YsBack {
 YsBack[i] = math.Log1p(YsBack[i])
 }
 hist2, err := plotHist(YsBack)
mHandleErr(err)
hist2.Title.Text = "Histogram of House Prices (Processed)"
mHandleErr(hist2.Save(25*vg.Centimeter, 25*vg.Centimeter, "hist2.png"))
```

由此可得下图：

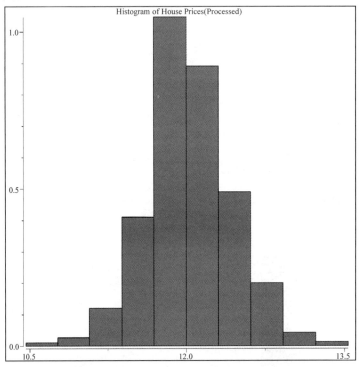

这看起来更好。针对所有 Ys，都进行了修正。那对于 Xs 怎么办呢？要想实现修正，需要遍历 Xs 的每一列，判断是否有偏，如果存在，则需执行转换函数。

以下是在主函数中添加的内容：

```
it, err := native.MatrixF64(Xs)
mHandleErr(err)
for i, isCat := range datahints {
  if isCat {
    continue
  }
  skewness := skew(it, i)
  if skewness > 0.75 {
    log1pCol(it, i)
  }
}
```

native. MatrixF64s 采用* tensor. Dense 结构，并将其转换为一个 Go 语言 native 迭代器。基本数据不变，因此如果要写为 it［0］［0］=1000，那么实际矩阵本身也会改变。这可以允许在不额外增加内存的情况下进行转换。对于本例而言，可能不那么重要，但对于更大规模的项目，这种方法会非常方便。

另外，还允许编写函数来检查和变换矩阵：

```
// skew 函数可返回列/变量的偏移量
  func skew(it [][]float64, col int) float64 {
  a := make([]float64, 0, len(it[0]))
  for _, row := range it {
    for _, col := range row {
      a = append(a, col)
    }
  }
  return stat.Skew(a, nil)
}

//  log1pCol函数可对一列进行log1p变换
  func log1pCol(it [][]float64, col int) {
  for i := range it {
    it[i][col] = math.Log1p(it[i][col])
  }
}
```

3. 多重共线性

正如本节开始所提到的，变量个数较多时，会增加多重共线性的可能性。多重共线性是指两个或多个变量以某种方式相互关联的情况。

通过大致浏览一下数据，即可看出的确如此。一个简单的例子就是 GarageArea 与 GarageCars 相关联。在现实生活中，这是很有道理的——从逻辑上，可以停放两辆汽车的车库要大于只能停放一辆汽车的车库。同理，zoning 与 neighborhood 高度关联。

考虑变量的一种好方法是利用变量中所包含的信息。有时，变量中具有一些重叠信息。例如，当 GarageArea 为 0 时，与 GarageType 为 NA 的信息重叠——显然，如果没有车库，车库面积当然为零。

难点在于如何遍历整个变量列表，并决定保留哪些变量。这是一种算法艺术。事实上，首先是要找出变量之间的相关性。这可通过计算相关矩阵，并绘制热图来实现。

要计算相关矩阵，只需使用 Gonum 中包括以下代码段的函数：

```
m64, err := tensor.ToMat64(Xs, tensor.UseUnsafe())
mHandleErr(err)
corr := stat.CorrelationMatrix(nil, m64, nil)
hm, err := plotHeatMap(corr, newHdr)
mHandleErr(err)
hm.Save(60*vg.Centimeter, 60*vg.Centimeter, "heatmap.png")
```

下面对上述代码段逐行阐述：

m64，err：= tensor. ToMat64（Xs，tensor. UseUnsafe（）） 是执行从* tensor. Dense 到 mat. Mat64 的转换。由于不想占用额外的内存，且已经确定重用矩阵中的数据是安全的，因此参数包括一个 tensor. UseUnsafe（） 函数选项，以告知 Gorgonia 重用 Gonum 矩阵中的底层

内存。

　　stat. CorrelationMatrix（nil，m64，nil）用于计算相关矩阵。相关矩阵是一个三角矩阵——这是 Gonum 包提供的一种特别有用的数据结构。对于该示例，由于矩阵是沿对角线镜像对称的，因此这是一个巧妙的数据结构。

　　接下来，利用以下代码段来绘制热图：

```go
type heatmap struct {
  x mat.Matrix
}

func (m heatmap) Dims() (c, r int) { r, c = m.x.Dims(); return c, r }
func (m heatmap) Z(c, r int) float64 { return m.x.At(r, c) }
func (m heatmap) X(c int) float64 { return float64(c) }
func (m heatmap) Y(r int) float64 { return float64(r) }

type ticks []string

func (t ticks) Ticks(min, max float64) []plot.Tick {
  var retVal []plot.Tick
  for i := math.Trunc(min); i <= max; i++ {
    retVal = append(retVal, plot.Tick{Value: i, Label: t[int(i)]})
  }
  return retVal
}


func plotHeatMap(corr mat.Matrix, labels []string) (p *plot.Plot, err
error) {
  pal := palette.Heat(48, 1)
  m := heatmap{corr}
  hm := plotter.NewHeatMap(m, pal)
  if p, err = plot.New(); err != nil {
    return
  }
  hm.NaN = color.RGBA{0, 0, 0, 0} // 黑色

  // 增加并调节图的形状
  p.Add(hm)
  p.X.Tick.Label.Rotation = 1.5
  p.Y.Tick.Label.Font.Size = 6
  p.X.Tick.Label.Font.Size = 6
  p.X.Tick.Label.XAlign = draw.XRight
  p.X.Tick.Marker = ticks(labels)
  p.Y.Tick.Marker = ticks(labels)

  // 添加图例
  l, err := plot.NewLegend()
  if err != nil {
    return p, err
  }

  thumbs := plotter.PaletteThumbnailers(pal)
```

```
for i := len(thumbs) - 1; i >= 0; i-- {
  t := thumbs[i]
  if i != 0 && i != len(thumbs)-1 {
    l.Add("", t)
    continue
  }
  var val float64
  switch i {
  case 0:
    val = hm.Min
  case len(thumbs) - 1:
    val = hm.Max
  }
  l.Add(fmt.Sprintf("%.2g", val), t)
}

// 这是一个hack标签。在此将图例置于坐标轴与实际热图之间
// 如果图例置于右侧，则需要创建一个自定义画布来考虑图例的额外宽度
//
// 因此，缩小图例宽度，使其紧贴图和坐标轴的边界
l.Left = true
l.XOffs = -5
l.ThumbnailWidth = 5
l.Font.Size = 5

p.Legend = l
return
}
```

plotter. NewHeatMap 函数需要一个接口，这就是为何在热图数据结构中封装 mat. Mat 的原因，这样就为绘图程序提供了绘制热图的接口。在接下来的章节中，将会普遍采用这种模式，即封装一个数据结构以为其他函数提供一个额外接口。这种方式便捷易用，应该充分利用。

上述代码的很大一部分都涉及了 hack 标签。Gonum 的绘图原理是，在计算画布大小时，认为标签是位于图中。为了能够在绘图之外绘制标签，需要编写大量的额外代码。因此，在此只是缩小标签以适应坐标轴和绘图本身之间的边距，以免覆盖绘图的主要区域。

需要特别注意的是，在该热图中有一些白色条纹。本来期望变量是仅与其自身完全相关的。但通过观察可知，有白线与白色对角线平行。表明这些变量是完全相关的，需要进行删除。

热图虽然好看，但不够直观。人眼无法分辨色度。因此还需要用数字标注。变量之间的相关性在 −1 ~ 1 之间。在此，主要关注接近极值的相关性。

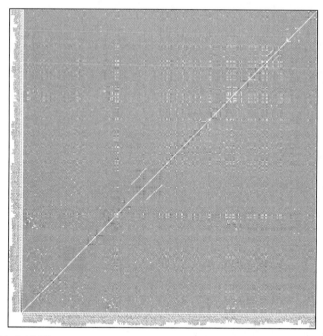

下列代码段可输出结果：

```go
// 热图虽好看，但不够直观。
var tba []struct {
  h1, h2 string
  corr float64
}
for i, h1 := range newHdr {
  for j, h2 := range newHdr {
    if c := corr.At(i, j); math.Abs(c) >= 0.5 && h1 != h2 {
      tba = append(tba, struct {
        h1, h2 string
        corr float64
      }{h1: h1, h2: h2, corr: c})
    }
  }
}
fmt.Println("High Correlations:")
for _, a := range tba {
  fmt.Printf("\t%v-%v: %v\n", a.h1, a.h2, a.corr)
}
```

在此采用了一种匿名结构，而不是命名结构，这是因为并不会重用这些数据——只是输出。一个匿名元组就足够了。在大多数情况下，这并不是一种最佳做法。

在上面的相关性图中仅显示了自变量的相关性。为了深入理解多重共线性，还必须找到变量相互之间以及与因变量之间的相关性。这留给读者自行练习。

 如果绘制的是相关矩阵，会与上图基本相同，只是对于因变量分别增加了一行和一列。

最后需要注意的是，只能在执行回归后才能检测多重共线性。相关性图只是提供了一种用于包含和排除变量的简便方法。消除多重共线性实际上是一个迭代过程，通常与其他统计数据（如方差膨胀因子）共同决定包含和不包含哪些变量。

在本章中，已经明确了需要包含的多个变量，并排除了大多数变量。这可以在 const. go 文件中找到。在忽略变量列表中所注释的行即是最终模型中所包含的变量。

正如本节开头中所提到的，在算法实现上这确实是一门艺术。

2.2.4 标准化

最后一项转换工作是需要将输入数据标准化。这样就可以通过模型比较查看哪个模型更优。为此，编写了两种不同的缩放算法：

```
func scale(a [][]float64, j int) {
  l, m, h := iqr(a, 0.25, 0.75, j)
  s := h - l
  if s == 0 {
    s = 1
  }

  for _, row := range a {
    row[j] = (row[j] - m) / s
  }
}

func scaleStd(a [][]float64, j int) {
  var mean, variance, n float64
  for _, row := range a {
    mean += row[j]
    n++
  }
  mean /= n
  for _, row := range a {
    variance += (row[j] - mean) * (row[j] - mean)
  }
  variance /= (n-1)

  for _, row := range a {
    row[j] = (row[j] - mean) / variance
  }
}
```

如果熟悉 Python 的数据科学，那么第一个 scale 函数实际上就是 scikits – learn 中 RobustScaler 的功能。第二个函数本质上是 StdScaler 函数，只是包含适用于样本数据的方差。

上述函数首先获取给定列（j）中的值，并按一定方式进行缩放，以使所有值都限制在某一范围内。另外，需要注意的是，两个缩放函数的输入都是 [][]float64 型。这就是 tensor 包的优点。可将 *tensor. Dense 转换为 [][] float64 型而无需额外占用任何内存。另一个好处在于，可以插补 a，使得 tensor 值也相应改变。本质上讲，[][] float64 是作为底层张量数据的迭代器。

33

这时，转换函数如下：

```go
func transform(it [][]float64, hdr []string, hints []bool) []int {
  var transformed []int
  for i, isCat := range hints {
    if isCat {
      continue
    }
    skewness := skew(it, i)
    if skewness > 0.75 {
      transformed = append(transformed, i)
      log1pCol(it, i)
    }
  }
  for i, h := range hints {
    if !h {
      scale(it, i)
    }
  }
  return transformed
}
```

注意，在此只是对数值型变量进行了缩放。分类变量也同样可以缩放，与此基本类似。

2.3 线性回归

现在准备工作已经完成，下面开始进行线性回归！不过首先还需要整理一下代码。在此将所有探索性工作都转移到一个名为 exploration（）的函数中。然后我们重新读取文件，将数据集拆分为训练数据集和测试数据集，并在最终运行回归之前执行所有的数据转换工作。为此，采用 github. com/sajari/regression 并执行回归。

第一部分代码如下：

```go
func main() {
  // exploratory() // 先注释掉，因为已经完成了探索性工作

  f, err := os.Open("train.csv")
  mHandleErr(err)
  defer f.Close()
  hdr, data, indices, err := ingest(f)
  rows, cols, XsBack, YsBack, newHdr, newHints := clean(hdr, data, indices,
datahints, ignored)
  Xs := tensor.New(tensor.WithShape(rows, cols),
tensor.WithBacking(XsBack))
  it, err := native.MatrixF64(Xs)
  mHandleErr(err)

  // 转换Ys
  for i := range YsBack {
    YsBack[i] = math.Log1p(YsBack[i])
  }
  // 转换Xs
  transform(it, newHdr, newHints)
```

```
// 数据拆分
shuffle(it, YsBack)
testingRows := int(float64(rows) * 0.2)
trainingRows := rows - testingRows
testingSet := it[trainingRows:]
testingYs := YsBack[trainingRows:]
it = it[:trainingRows]
YsBack = YsBack[:trainingRows]
log.Printf("len(it): %d || %d", len(it), len(YsBack))
...
```

首先摄取并清洗数据，然后为 Xs 矩阵创建一个迭代器，以便访问。接下来分别转换 Xs 和 Ys。最后，对 Xs 进行无序处理，并将其拆分为训练数据集和测试数据集。

回顾在第 1 章中是如何判断模型好坏的。一个好的模型必须能够适用于之前未知的数据值。为了防止过拟合，必须对所构建的模型进行交叉验证。

为了实现上述目的，必须只对有限的数据子集进行训练，然后利用该模型对测试数据集进行预测。这样就可以得到在测试集上运行的效果。

理想情况下，这应该在将数据解析为 Xs 和 Ys 之前完成。但由于想要重用之前编写的函数，因此在此并未这么做。不过，实现数据摄取和清洗的独立函数并不受影响。如果访问 GitHub 的代码库，你会发现此类操作的所有功能都可以很容易地完成。

现在，选取 20% 的数据集，以做备用。通过无序处理对数据集中的行进行重采样，这样就不会每次都在完全相同的 80% 数据上进行训练。

另外，需要注意的是，现在并未执行 clean 函数，而在探索模式下，该函数被置为 nil。Clean 函数与 shuffle 函数对于后面的交叉验证都非常重要。

2.3.1 回归

现在开始构建回归模型。切记，在实际应用中，这部分操作是不断迭代完成的。在此仅介绍迭代过程，而直接采用所选用的模型。

github. com/sajari/regression 包的功能非常完善。但我还是希望对此稍稍进行扩展，以便能够对模型和参数系数进行比较。为此编写了下列函数：

```
func runRegression(Xs [][]float64, Ys []float64, hdr []string) (r
*regression.Regression, stdErr []float64) {
  r = new(regression.Regression)
  dp := make(regression.DataPoints, 0, len(Xs))
  for i, h := range hdr {
    r.SetVar(i, h)
  }
  for i, row := range Xs {
    if i < 3 {
      log.Printf("Y %v Row %v", Ys[i], row)
    }
    dp = append(dp, regression.DataPoint(Ys[i], row))
```

```
    }
    r.Train(dp...)
    r.Run()

    // 计算StdErr
    var sseY float64
    sseX := make([]float64, len(hdr)+1)
    meanX := make([]float64, len(hdr)+1)
    for i, row := range Xs {
      pred, _ := r.Predict(row)
      sseY += (Ys[i] - pred) * (Ys[i] - pred)
      for j, c := range row {

        meanX[j+1] += c
      }
    }
    sseY /= float64(len(Xs) - len(hdr) - 1) // n - df ; df = len(hdr) + 1
    vecf64.ScaleInv(meanX, float64(len(Xs)))
    sseX[0] = 1
    for _, row := range Xs {
      for j, c := range row {
        sseX[j+1] += (c - meanX[j+1]) * (c - meanX[j+1])
      }
    }
    sseY = math.Sqrt(sseY)
    vecf64.Sqrt(sseX)
    vecf64.ScaleInvR(sseX, sseY)

    return r, sseX
}
```

runRegression 函数用于执行回归分析，并输出系数的标准差。这是系数的标准差的估计值——假设该模型运行了多次，且每次系数可能略有不同。标准差只是反映了系数的变化程度。

标准差是在 gorgonia. org/vecf64 包下计算而得，该软件包可对向量执行就地操作。或者，也可以选择进行循环运算。

该函数还提供了针对 github. com/sajari/regression 包的 API——要进行预测，只需调用 r. Predict（vars）。如果要将该模型用于实际应用，这将非常有用。

现在，分析主函数的另一半：

```
    // 运行回归
    r, stdErr := runRegression(it, YsBack, newHdr)
    tdist := distuv.StudentsT{Mu: 0, Sigma: 1, Nu: float64(len(it) -
len(newHdr) - 1), Src:
rand.New(rand.NewSource(uint64(time.Now().UnixNano())))}
    fmt.Printf("R^2: %1.3f\n", r.R2)
    fmt.Printf("\tVariable \tCoefficient \tStdErr \tt-stat\tp-value\n")
    fmt.Printf("\tIntercept: \t%1.5f \t%1.5f \t%1.5f \t%1.5f\n", r.Coeff(0),
stdErr[0], r.Coeff(0)/stdErr[0], tdist.Prob(r.Coeff(0)/stdErr[0]))
    for i, h := range newHdr {
      b := r.Coeff(i + 1)
```

```
      e := stdErr[i+1]
      t := b / e

    p := tdist.Prob(t)
    fmt.Printf("\t%v: \t%1.5f \t%1.5f \t%1.5f \t%1.5f\n", h, b, e, t, p)
}
```

在此，运行回归，并输出结果。除了输出回归系数之外，还要输出标准差、t 统计量和 P 值。这样将会对所估计的系数更有把握。

```
tdist := distuv.StudentsT{Mu: 0, Siqma: 1, Nu: float64(len(it) -
len(newHdr) - 1), Src:
  rand.New(rand.NewSource(uint64(time.Now().UnixNano())))}
```
创建 Students 的 t 分布，与现有数据进行比较。t 统计量的计算非常简单，只需将系数除以标准差即可。

2.3.2　交叉验证

现在到了最后一步工作。为了比较模型，希望对模型进行交叉验证。之前已经预留了一部分数据。现在，需要利用预留的数据来测试模型，并计算得分。

在此采用方均根误差作为得分。这是由于该值简单易懂：

```
// 非常简单的交叉验证
var MSE float64
for i, row := range testingSet {
  pred, err := r.Predict(row)
  mHandleErr(err)
  correct := testingYs[i]
  eStar := correct - pred
  e2 := eStar * eStar
  MSE += e2
}
MSE /= float64(len(testingSet))
fmt.Printf("RMSE: %v\n", math.Sqrt(MSE))
```

经过交叉验证，现在就可以进行回归分析了。

运行回归

直接运行回归程序。如果使用空的忽略列表运行程序，则结果将会显示为一组 NaN。还记得之前为分析一些变量是如何相互关联的而进行的一些相关性分析吗？

首先将这些变量添加到忽略列表中，然后运行回归。一旦得分不再是 NaN，就可以进行模型比较了。

输出的最终模型如下：

```
R^2: 0.871
  Variable Coefficient StdErr t-stat p-value
  Intercept: 12.38352 0.14768 83.85454 0.00000
  MSSubClass_30: -0.06466 0.02135 -3.02913 0.00412
  MSSubClass_40: -0.03771 0.08537 -0.44172 0.36175
  MSSubClass_45: -0.12998 0.04942 -2.63027 0.01264
  MSSubClass_50: -0.01901 0.01486 -1.27946 0.17590
  MSSubClass_60: -0.06634 0.01061 -6.25069 0.00000
  MSSubClass_70: 0.04089 0.02269 1.80156 0.07878
```

```
MSSubClass_75: 0.04604 0.03838 1.19960 0.19420
MSSubClass_80: -0.01971 0.02177 -0.90562 0.26462
MSSubClass_85: -0.02167 0.03838 -0.56458 0.34005
MSSubClass_90: -0.05748 0.02222 -2.58741 0.01413
MSSubClass_120: -0.06537 0.01763 -3.70858 0.00043
MSSubClass_160: -0.15650 0.02135 -7.33109 0.00000
MSSubClass_180: -0.01552 0.05599 -0.27726 0.38380
MSSubClass_190: -0.04344 0.02986 -1.45500 0.13840
LotFrontage: -0.00015 0.00265 -0.05811 0.39818
LotArea: 0.00799 0.00090 8.83264 0.00000
Neighborhood_Blueste: 0.02080 0.10451 0.19903 0.39102
Neighborhood_BrDale: -0.06919 0.04285 -1.61467 0.10835
Neighborhood_BrkSide: -0.06680 0.02177 -3.06894 0.00365
Neighborhood_ClearCr: -0.04217 0.03110 -1.35601 0.15904
Neighborhood_CollgCr: -0.06036 0.01403 -4.30270 0.00004
Neighborhood_Crawfor: 0.08813 0.02500 3.52515 0.00082
Neighborhood_Edwards: -0.18718 0.01820 -10.28179 0.00000
Neighborhood_Gilbert: -0.09673 0.01858 -5.20545 0.00000
Neighborhood_IDOTRR: -0.18867 0.02825 -6.67878 0.00000
Neighborhood_MeadowV: -0.24387 0.03971 -6.14163 0.00000
Neighborhood_Mitchel: -0.15112 0.02348 -6.43650 0.00000
Neighborhood_NAmes: -0.11880 0.01211 -9.81203 0.00000
Neighborhood_NPkVill: -0.05093 0.05599 -0.90968 0.26364
Neighborhood_NWAmes: -0.12200 0.01913 -6.37776 0.00000
Neighborhood_NoRidge: 0.13126 0.02688 4.88253 0.00000
Neighborhood_NridgHt: 0.16263 0.01899 8.56507 0.00000
Neighborhood_OldTown: -0.15781 0.01588 -9.93456 0.00000
Neighborhood_SWISU: -0.12722 0.03252 -3.91199 0.00020
Neighborhood_Sawyer: -0.17758 0.02040 -8.70518 0.00000
Neighborhood_SawyerW: -0.11027 0.02115 -5.21481 0.00000
Neighborhood_Somerst: 0.05793 0.01845 3.13903 0.00294
Neighborhood_StoneBr: 0.21206 0.03252 6.52102 0.00000
Neighborhood_Timber: -0.00449 0.02825 -0.15891 0.39384
Neighborhood_Veenker: 0.04530 0.04474 1.01249 0.23884
HouseStyle_1.5Unf: 0.16961 0.04474 3.79130 0.00031
HouseStyle_1Story: -0.03547 0.00864 -4.10428 0.00009
HouseStyle_2.5Fin: 0.16478 0.05599 2.94334 0.00531
HouseStyle_2.5Unf: 0.04816 0.04690 1.02676 0.23539
HouseStyle_2Story: 0.03271 0.00937 3.49038 0.00093
HouseStyle_SFoyer: 0.02498 0.02777 0.89968 0.26604
HouseStyle_SLvl: -0.02233 0.02076 -1.07547 0.22364
YearBuilt: 0.01403 0.00151 9.28853 0.00000
YearRemodAdd: 5.06512 0.41586 12.17991 0.00000
MasVnrArea: 0.00215 0.00164 1.30935 0.16923
Foundation_CBlock: -0.01183 0.00873 -1.35570 0.15910
Foundation_PConc: 0.01978 0.00869 2.27607 0.03003
Foundation_Slab: 0.01795 0.03416 0.52548 0.34738
Foundation_Stone: 0.03423 0.08537 0.40094 0.36802
Foundation_Wood: -0.08163 0.08537 -0.95620 0.25245
BsmtFinSF1: 0.01223 0.00145 8.44620 0.00000
BsmtFinSF2: -0.00148 0.00236 -0.62695 0.32764
BsmtUnfSF: -0.00737 0.00229 -3.21186 0.00234
```

```
TotalBsmtSF: 0.02759 0.00375 7.36536 0.00000
Heating_GasA: 0.02397 0.02825 0.84858 0.27820
Heating_GasW: 0.06687 0.03838 1.74239 0.08747
Heating_Grav: -0.15081 0.06044 -2.49506 0.01785
Heating_OthW: -0.00467 0.10451 -0.04465 0.39845
Heating_Wall: 0.06265 0.07397 0.84695 0.27858
CentralAir_Y: 0.10319 0.01752 5.89008 0.00000
1stFlrSF: 0.01854 0.00071 26.15440 0.00000
2ndFlrSF: 0.01769 0.00131 13.46733 0.00000
FullBath: 0.10586 0.01360 7.78368 0.00000
HalfBath: 0.09040 0.01271 7.11693 0.00000
Fireplaces: 0.07432 0.01096 6.77947 0.00000
GarageType_Attchd: -0.37539 0.00884 -42.44613 0.00000
GarageType_Basment: -0.47446 0.03718 -12.76278 0.00000
GarageType_BuiltIn: -0.33740 0.01899 -17.76959 0.00000
GarageType_CarPort: -0.60816 0.06044 -10.06143 0.00000
GarageType_Detchd: -0.39468 0.00983 -40.16266 0.00000
GarageType_2Types: -0.54960 0.06619 -8.30394 0.00000
GarageArea: 0.07987 0.00301 26.56053 0.00000
PavedDrive_P: 0.01773 0.03046 0.58214 0.33664
PavedDrive_Y: 0.02663 0.01637 1.62690 0.10623
WoodDeckSF: 0.00448 0.00166 2.69397 0.01068
OpenPorchSF: 0.00640 0.00201 3.18224 0.00257
PoolArea: -0.00075 0.00882 -0.08469 0.39742
MoSold: 0.00839 0.01020 0.82262 0.28430
YrSold: -4.27193 6.55001 -0.65220 0.32239
RMSE: 0.1428929042451045
```

交叉验证结果（RMSE 约为 0.143）还不错——虽然不是最好，但也不算最差。上述工作是通过仔细消除变量来实现的。这时可能需要一个经验丰富的计量经济学家参与其中，通过查看输出结果，来决定进行进一步的特征工程。

实际上，根据上述这些结果，我可以想到一些可以完成的其他特征工程——从售出年份中减去改造的年份（最近一次的改造/翻新时间）。另一种特征工程是在数据集上运行 PCA 白化处理。

对于线性回归模型，我倾向于尽量避免复杂的特征工程。这是因为线性回归的优势在于可以用自然语言进行解释。

例如，可以这样描述：每增加一个单位的地块面积，如果其他一切都保持不变，可以预计房价会增加 0.07103 倍。

这种回归的一个特别不易理解的结果是 PoolArea 变量。在解释结果时会这样描述：游泳池每增加一个单位面积，在其他条件不变的情况下，可以预计价格会增加 -0.00075 倍。设系数的 p 值为 0.397，这意味着该系数是完全随机得到的。因此，我们可以谨慎地说，在马萨诸塞州的艾姆斯，拥有一个游泳池会降低房产价值。

2.4 讨论和下一步的工作

现在，可以使用上述模型来进行预测了。这是最好的模型吗？不，并不是。要构建最佳模型是一项永无止境的任务。可以肯定的是，改进模型的方法是不确定的。在使用该模型之前，可以利用 LASSO 方法来确定关键变量。

该模型不仅仅是线性回归模型，还包括数据清洗函数和摄取函数。这就会导致产生非常多的可调节参数。如果不喜欢我所采用的数据插补方式，那么你就需要编写自己的方法！

此外，本章中的代码还可以进一步整理。在 clean 函数中无需返回这么多的值，可以创建一个新的元组类型来保存 Xs 和 Ys，即排序的数据帧。事实上，这也正是在接下来的章节中将要完成的工作。使用 state – holder 结构可以提高多个函数的效率。

如果稍加注意，可发现 Go 语言没有 Pandas 那么多统计软件包。这不是因为功能不够强大。Go 语言是一种用于解决问题的语言，而不是用于构建通用软件包。Go 语言中肯定有类似于数据帧的软件包，但根据我的经验，使用这些软件包往往会导致忽视最明显且有效的解决方案。通常情况下，最好是构建针对具体问题的数据结构。

在 Go 语言中，大多数情况下，建模都是一个迭代过程，而生成可实际应用的模型则是在模型构建之后的过程。本章表明可以使用迭代过程来建模，然后可立即转换为一个可实际应用的系统。

2.5　小结

本章主要介绍了如何使用 Go 语言来探索数据（有些简单）。绘制了一些图表，用于指导如何选择回归变量。接下来，实现了一个回归模型，并提供了能够用于模型比较的误差。最后，为确保没有过拟合，使用 RMSE 得分来交叉验证所构建的模型，且验证结果还不错。

本章只是对后续内容的简单体验。在接下来的章节中将不断重复这一思路——清洗数据，然后编写经交叉验证的机器学习模型。唯一的区别是所用的数据和模型不同。

在下一章中，将介绍一种判别电子邮件是否为垃圾邮件的简单方法。

第 3 章
分类——垃圾邮件检测

如何描述一个人的相貌？我是黑头发、白皮肤且具有亚洲人特征，戴眼镜，大致圆脸型，与同龄人相比，两腮较胖。上述是对我的脸部特征的描述。所描述的每一个特征都可看作是概率连续统内的一个点。黑头发的概率是多少？在我的朋友中，黑头发是一个很常见的特征，很多人也戴眼镜（我在 Facebook 主页上调查的 300 人中，有 281 人需要佩戴处方眼镜，这是一个非常显著的统计数据）。眼角纹可能不太常见，两腮较胖也不常见。

为什么要在关于垃圾邮件分类的章节中提到面部特征呢？这是因为原理都是一样的。如果给你一张人脸照片，那么多大的概率是我的照片呢？通常认为这是我的照片的概率其实是黑头发概率，白皮肤概率，以及有眼角纹概率等一系列概率的组合。从一个简单朴素的角度来看，可以认为是每一个特征都各自独立地影响了这是我的照片的概率——事实上，有眼角纹与白皮肤是完全不相关的。不过随着遗传学的不断发展，现已证明这显然是不客观的。在现实生活中，这些特征都是相互关联的。这将在后面的章节中深入讨论。

尽管实际中存在概率相关性，但仍然可以假设这种朴素的观点，认为这些概率对于这是我的照片的概率具有各自独立的作用。

在本章中，将采用朴素贝叶斯算法构建一个垃圾邮件分类系统，当然该算法还可应用于电子垃圾邮件分类之外的系统。在此过程中，将讨论自然语言处理的基本知识，以及概率与所用语言之间的内在联系。通过引入"词频－逆文档频率（TF－IDF）"，从最基本概念上建立对语言的概率理解，然后将其转换为贝叶斯概率，用于电子邮件的分类。

3.1　项目背景

想要实现的功能很简单：给定一封电子邮件，判断这是正常合法的（称为正常邮件），还是垃圾邮件？在此将使用 LingSpam 语料库。尽管该数据库中的电子邮件已有点过时——因为垃圾邮件发送者一直在不断更新其技术和词汇，但是选择 LingSpam 语料库的一个主要原因是，该语料库已经过很好的预处理。本章最初仅限于介绍电子邮件的预处理；但是，自然语言预处理的选项问题本身就是整本书的主题，因此将使用一个已经过预处理的数据集。这样将更加着重于讨论非常完善的算法机制。

不过，无需担心，在此将首先介绍预处理的一些基本知识。需要注意的是，复杂程度会急剧上升，所以要准备好在预处理自然语言时动辄需要数小时的煎熬。在本章的最后，还会推荐一些有助于预处理的软件库。

3.2 探索性数据分析

首先分析数据。LingSpam 语料库中具有同一语料库的四种变体：bare、lemm、lemm_stop 和 stop。在每个变体中，都有十个部分，且每个部分又包含多个文件。每个文件都代表一封电子邮件。文件名中带有 spmsg 前缀的是垃圾邮件，而其余文件是正常邮件。一个电子邮件示例如下所示（来自 bare 变体库）：

```
Subject: re : 2 . 882 s - > np np
> date : sun , 15 dec 91 02 : 25 : 02 est > from : michael < mmorse @ vm1 .
yorku . ca > > subject : re : 2 . 864 queries > > wlodek zadrozny asks if
there is " anything interesting " to be said > about the construction " s >
np np " . . . second , > and very much related : might we consider the
construction to be a form > of what has been discussed on this list of late
as reduplication ? the > logical sense of " john mcnamara the name " is
tautologous and thus , at > that level , indistinguishable from " well ,
well now , what have we here ? " . to say that ' john mcnamara the name '
is tautologous is to give support to those who say that a logic-based
semantics is irrelevant to natural language . in what sense is it
tautologous ? it supplies the value of an attribute followed by the
attribute of which it is the value . if in fact the value of the name-
attribute for the relevant entity were ' chaim shmendrik ' , ' john
mcnamara the name ' would be false . no tautology , this . ( and no
reduplication , either . )
```

以下是有关上述电子邮件的一些相关信息：

1）这是一封关于语言学，具体是关于如何将自然语句解析为多个名词短语（np）的电子邮件。这在很大程度上与具体的项目无关。但是，我认为只有在人工检查时，才需要仔细阅读这些主题。

2）在该邮件中附有邮件地址和人名，表明这不是匿名数据集。这对于后续的机器学习有一些启示，将在本书的最后一章中探讨。

3）电子邮件经过很好地分割（即每个单词都以空格分隔）。

4）该电子邮件具有主题行。

前两点需要特别注意。在机器学习中，主题有时很重要。对于本例，可以构建一种可应用于所有电子邮件的通用算法。但有些时候，如果对上下文敏感将会使得机器学习算法较难实现。另外，第二个需要注意的是匿名数据集。在当今时代，一个软件缺陷往往会导致公司倒闭。在非匿名数据集上进行机器学习经常会产生主观偏见。因此应尽量采用匿名数据集。

3.2.1 数据标记

在处理自然语言语句时，首先通常是对语句进行标记。给定一个语句如 The child was learning a new word and was using it excessively. " Shan't!", she cried。这时需要将语句拆分成构成该语句的组成元素。每个元素称为标记。因此，进程名称就是标记化过程。一种可行的标记化方法就是 strings. Split（a, " "）。

一个简单的程序如下：

```go
func main() {
  a := "The child was learning a new word and was using it excessively.
\"shan't!\", she cried"
  dict := make(map[string]struct{})
  words := strings.Split(a, " ")
  for _, word := range words{
    fmt.Println(word)
    dict[word] = struct{}{} // 将单词添加到之前已有的单词集中
  }
}
```

输出的结果如下：

```
The
child
was
learning
a
new
word
and
was
using
it
excessively.
"shan't!",
she
cried
```

现在考虑在字典中添加单词来进行学习。假设想要利用同一组英语单词来组成一个新的语句：she shant be learning excessively。（请忽略上述句子中的负面含义）。现在将该语句添加到程序中，观察这些单词是否会出现在字典中：

```go
func main() {
  a := "The child was learning a new word and was using it excessively.
\"shan't!\", she cried"
  dict := make(map[string]struct{})
  words := strings.Split(a, " ")
  for _, word := range words{
    dict[word] = struct{}{} // 将单词添加到之前已有的单词集中
  }

  b := "she shan't be learning excessively."
  words = strings.Split(b, " ")
  for _, word := range words {
    _, ok := dict[word]
    fmt.Printf("Word: %v - %v\n", word, ok)
  }
}
```

这时会产生以下结果：

```
Word: she - true
Word: shan't - false
Word: be - false
Word: learning - true
Word: excessively. - true
```

一种高级的标记化算法将会产生如下结果：

```
The
child
was
learning
a
new
word
and
was
using
it
excessively
.
"
sha
n't
!
"
,
she
cried
```

需要特别注意的是，符号和标点符号现在都是标记。另一个需要注意的是 shan't 现在分成两个标记：sha 和 n't。shan't 一词是 shall 和 not 的缩写，因此，应被标记为两个词。这是英语独有的一种标记化策略。英语的另一个独特之处在于，单词之间是由一个边界标记分隔——很小的空格。在没有单词边界标记的语言中，如中文或日文，标记化过程会更加复杂。另外，诸如越南语之类的语言，其中有音节边界标记，而不是单词边界标记，那么就需要一个非常复杂的标记器。

一个良好的标记化算法，细节相当复杂，标记化技术本身就值得一本书来介绍，因此在此不做详细介绍。

LingSpam 语料库的最大优势是已经完成了标记化。但诸如复合词和缩略词之类的一些词汇并未标记为不同的标记，如 shan't。这些词汇被视为一个独立单词。对于垃圾邮件分类器而言，这种处理方式很好。但是，对于不同类型的自然语言处理项目，读者可能需要考虑更好的标记化策略。

> (i) 下面是关于标记化策略的最后一些说明：英语并不是一种特别规范的语言。尽管如此，规范化表示对于小数据集还是非常有必要的。对于本例项目，可以不采用以下的规范化表示：
>
> ```
> const re = `([A-Z])(\.[A-Z])+\.?|\w+(-
> \w+)*|\$?\d+(\.\d+)?%?|\.\.\.|[][.,;"'?():-_` + "`]"
> ```

3.2.2　规范化和词干提取

在 3.2.1 节中，提到第二个示例语句中的所有单词，即 she shan't be excessively learned，已在第一个示例语句的字典中出现过。细心的读者可能会注意到单词 be 实际上并不在字典中。从语言学的角度来看，这不一定是错误的。单词 be 是 is 的词根，而 was 是过去时。在此应注意，需要添加词根，而不是直接添加单词。这称为**词干提取**。继续前面的示例，以下是第一个示例语句中的词干单词：

```
the
child
be
learn
a
new
word
and
be
use
it
excessively
shall
not
she
cry
```

同样，在这里，需要指出一些特殊之处，可能细心的读者早已看出。具体来说，就是 excessively 一词的词根是 excess。那么为什么还会列出 excessively？这说明词干提取的任务并不是简单地在字典中查找词根。通常，在与 NLP 相关的复杂任务中，必须根据相应的上下文进行单词的词干提取。不过这已超出了本章的讨论范畴，这也是一个涉及广泛的主题，可以涵盖有关 NLP 预处理一书的整个章节。

那么，回到在字典中添加单词的问题。另一项需要做的工作是单词规范化。在英语中，这通常意味着文本换行、替换 unicode 组合字符等。在 Go 语言环境中，一个扩展的标准库软件包正好可以完成上述功能：golang. org/x/text/unicode/norm。特别说明的是，如果要处理实际的数据集，我更倾向于采用 NFC 规范化架构。关于字符串规范化的一个很好的资源是 Go 博客文章：https://blog. golang. org/normalization。这些内容并不限定于 Go 语言，而是针对字符串规范化的一个通用指南。

LingSpam 语料库具有规范化（通过小写和 NFC）和词干提取后的变体。分别位于语料库的 lemm 和 lemm_ stop 变体中。

3.2.3　停用词

既然阅读本书，那么可认为读者是熟悉英语的。另外，可能已经注意到有些词比其他单词更常用，如 the、there、from 等词。将电子邮件分类为垃圾邮件或正常邮件的任务本质上是一种统计工作。在文档中（如电子邮件）经常使用某些单词，可以表明关于该文档内容的更多信息。例如，今天收到一封关于猫的电子邮件（我是猫保护协会的资助人）。cat 或 cats

一词在大约 120 个单词中出现了 11 次。不难想象这封电子邮件是关于猫的。

但是，the 一词出现了高达 19 次。如果按照单词计数对电子邮件的主题进行分类，那么该电子邮件将会被归类为主题 the。诸如此类的连接词有助于理解语句的特定上下文，但对于朴素的统计分析而言，这些往往只会增加干扰。所以必须删除这些单词。

停用词通常是针对具体项目的，我不太喜欢直接进行删除。不过，LingSpam 语料库中还有两种变体：stop 和 lemm_ stop，其中给出了停用词列表，并删除了停用词。

3.2.4 数据摄取

在此无需过多讨论，直接编写一些代码来摄取数据。首先，需要一个训练样本的数据结构：

```
// Example  是一个表征分类样本的元组
type Example struct {
    Document []string
    Class
}
```

这样做的原因是可以将文件解析为 Example 列表。具体函数如下：

```
func ingest(typ string) (examples []Example, err error) {
  switch typ {
  case "bare", "lemm", "lemm_stop", "stop":
  default:
    return nil, errors.Errorf("Expected only \"bare\", \"lemm\",
\"lemm_stop\" or \"stop\"")
  }

  var errs errList
  start, end := 0, 11

  for i := start; i < end; i++ { // 交叉值设为30%
    matches, err :=
filepath.Glob(fmt.Sprintf("data/lingspam_public/%s/part%d/*.txt", typ, i))
    if err != nil {
      errs = append(errs, err)
      continue
    }

    for _, match := range matches {
      str, err := ingestOneFile(match)
      if err != nil {
      errs = append(errs, errors.WithMessage(err, match))
      continue
    }

      if strings.Contains(match, "spmsg") {
        // 是垃圾邮件
        examples = append(examples, Example{str, Spam})
      } else {
```

```
      // 是正常邮件
      examples = append(examples, Example{str, Ham})
    }
  }
}
if errs != nil {
  err = errs
}
return
}
```

这里，使用 filepath. Glob 函数来查找与特定文件目录中格式匹配的文件列表，其中采用的是固定编码方式。尽管不是必须在实际代码中进行固定编码，但对路径进行固定编码可以使得演示程序更为简单。对于每个匹配文件名，使用 ingestOneFile 函数来解析文件。然后检查文件名是否包含 spmsg 前缀。如果包含，则创建一个以垃圾邮件（Spam）为样本（Example）的类。否则，标记为正常邮件（Ham）。本章后面将介绍 Class 类型及其选择依据。现在，先分析 ingestOneFile 函数。重点注意该函数的简单性：

```
func ingestOneFile(abspath string) ([]string, error) {
  bs, err := ioutil.ReadFile(abspath)
  if err != nil {
    return nil, err
  }
  return strings.Split(string(bs), " "), nil
}
```

错误处理

在一些编程语言理论中，有一种主要观点是大多数的程序错误都是发生在边界处。尽管针对这一观点有着多种解释（什么是边界？有些学者认为这是函数边界，而有些认为这是计算边界），根据经验可以肯定的是，I/O 边界是错误产生最多的地方。因此，在处理输入/输出时必须格外小心。

为了摄取文件，定义了一个 errList 类型，具体如下：

```
type errList []error

func (err errList) Error() string {
  var buf bytes.Buffer
  fmt.Fprintf(&buf, "Errors Found:\n")
  for _, e := range err {
    fmt.Fprintf(&buf, "\t%v\n", e)
  }
  return buf.String()
}
```

这样就可以即使在读取文件时出错，也能继续执行。产生的错误会一直置顶而不会导致程序崩溃。

3.3 分类器

在构建分类器之前，首先设想一下主函数的形式。大概如下：

```go
func main() {
  examples, err := ingest("bare")
  log.Printf("Examples loaded: %d, Errors: %v", len(examples), err)
  shuffle(examples)

  if len(examples) == 0 {
    log.Fatal("Cannot proceed: no training examples")
  }

  // 创建新的分类器
  c := New()

  // 训练新的分类器
  c.Train(examples)

  // 预测
  predicted := c.Predict(aDocument)
  fmt.Printf("Predicted %v", predicted)
}
```

利用 Train 和 Predict 函数作为导出方法非常有助于明确下一步要构建的内容。由上述代码块可知，需要一个 Classifier 类，其中至少包含 Train 和 Predict 函数。为此，首先需要设置如下：

```go
type Classifier {}

func (c *Classifier) Train(examples []Example) {}

func (c *Classifier) Predict(document []string) Class { ... }
```

所以，现在转变成分类器如何工作的问题。

3.4 朴素贝叶斯

分类器是一个朴素贝叶斯分类器。具体而言，朴素贝叶斯一词中的朴素意味着假设所有输入特征都是独立的。要理解分类器的工作原理，首先需要引入一个额外组件：词频 – 逆文档频率（TF – IDF）统计信息对。

3.4.1 TF – IDF

TF – IDF，顾名思义，是由两个统计数据组成：词频（TF）和逆文档频率（IDF）。

TF 的核心思想是，如果一个单词（称为术语）在文档中多次出现，则意味着该文档主要是围绕该词展开。这完全说得通，查看电子邮件即可明白。关键字通常围绕一个中心主题。只是 TF 更加简单。没有主题的概念，只是计数一个单词在文档中出现的次数。

另一方面，IDF 是一个用于确定某一单词对于文档重要程度的统计数据。在上述示例中，注意到在垃圾邮件和正常邮件这两种类型的文档中，具有大写 S 的单词 Subject 都出现过。从广义上看，IDF 的计算方法如下：

$$IDF \propto \frac{\text{文档总数}}{\text{出现 Subject 的文档数}}$$

具体的公式各不相同，每个变体都有细微的不同之处，但基本上都遵循将文档总数除以词频的概念。

在本项目中，将使用 go – nlp 中的 tf – idf 库，这是针对 Go 语言的一个与 NLP 相关的软件库。若要安装，只需运行以下命令：

go get – u github. com/go – nlp/tfidf

这是一个经过广泛测试的库，具有 100% 的测试覆盖率。

配合使用时，tf × idf 表示一个用于计算文档中单词重要性的加权机制。尽管看起来可能很简单，但实际上非常强人，尤其是在上下文概率下使用时。

注意，TF – IDF 严格上不能解释为一种概率。如果将 IDF 解释为概率时，会产生一些理论问题。因此，在本项目背景下，将 TF – IDF 看作是一种概率加权机制。

接下来，讨论朴素贝叶斯算法的一些基础知识。不过首先还是要进一步强调贝叶斯定理的某些直观概念。

3.4.2 条件概率

首先从条件概率这一概念开始。这需要针对某一具体场景，在此考虑以下几种水果类型：

- 苹果
- 鳄梨
- 香蕉
- 菠萝
- 油桃
- 芒果
- 草莓

对于每种水果类型，都有一些相应的水果，例如在苹果类中有青苹果和红苹果。同样，还有成熟水果和未成熟水果，如芒果和香蕉可以是黄色（成熟）或绿色（未成熟）的。最后，还可以将这些水果分类为热带水果（鳄梨、香蕉、菠萝和芒果）与非热带水果：

水果	绿色	黄色	红色	热带水果
苹果	是	否	是	否
鳄梨	是	否	否	是
香蕉	是	是	否	是
荔枝	是	否	是	是
芒果	是	是	否	是
油桃	否	是	是	否
菠萝	是	是	否	是
草莓	是	否	是	否

设想现在蒙上眼睛，随机选取一个水果。然后通过描述水果特征，来猜测是哪种水果。

假设所选择的水果外表是黄色。可能是什么水果呢？或许会想到油桃、香蕉、菠萝和芒果。如果猜测是上述其中的一种，那么猜中的机会是 1/4。记黄色概率为

$$P(\text{黄色}) = \frac{4}{8}$$

式中，分子是黄色列中"是"的个数，分母是总的行数。

如果再提供水果的另一种特征，那么就可以提高猜中的概率。设已知是热带水果。现在猜中的概率就变为 1/3，油桃就可能排除在外了。

现在提问：如果已知是热带水果，那么水果为黄色的概率是多少？答案是 3/5。从上表可以看出，有五种热带水果，其中三种是黄色的。这就称为条件概率。可用下式表示（从数学角度来看，这是条件概率的 Kolmogorov 定义）：

$$P(A \mid B) = \frac{P(A \cap B)}{P(B)}$$

理解上式的含义是，要确定给定 B 的条件下 A 的概率，需要已知 A 和 B 同时发生的概率以及 B 的概率。

在给定是热带水果的条件下，水果是黄色的条件概率是 3/5。实际上有很多热带水果都是黄色，因为热带条件允许在水果生长期沉积大量的类胡萝卜素和维生素 C。

观察上表中的结果可以更容易地理解条件概率。但是，必须注意的是，条件概率是可以计算的。具体来说，要计算条件概率，公式为

$$P(\text{黄色} \mid \text{热带}) = \frac{P(\text{黄色} \cap \text{热带})}{P(\text{热带})}$$

水果是黄色且为热带水果的概率（P（黄色 $\cap$ 热带））是 3/8，即在八种水果中有三种水果是这样的。是热带水果的概率（P（热带））为 5/8，即在列出的八种水果中有五种是热带水果。

现在，需要分析是如何得到 1/3 这个值的。每类水果的概率是均匀的。如果是随机选择，那么猜中的机会是 1/8。若将问题重新表述为给定水果是黄色的且是热带水果，那么该水果是香蕉的概率为多少？

此时，可将公式重写为

$$P(\text{香蕉} \mid \text{黄色} \cap \text{热带}) = \frac{P(\text{香蕉} \cap (\text{黄色} \cap \text{热带}))}{P(\text{黄色} \cap \text{热带})}$$

$$= \frac{\frac{1}{8}}{\frac{3}{8}}$$

$$= \frac{1}{3}$$

在分析上述概率时，关键是要利用一种特殊技巧。具体来说，分析过程就好像每个"是"代表一个实际存在的独立示例，而"否"表示没有相应示例，或者简而言之，如下表

所示：

水果	绿色	黄色	红色	热带水果
苹果	1	0	1	0
鳄梨	1	0	0	1
香蕉	1	1	0	1
荔枝	1	0	1	0
芒果	1	1	0	1
油桃	0	1	1	0
菠萝	1	1	0	1
草莓	1	0	1	0

这对于垃圾邮件检测项目的分析非常重要。其中每个数字都是示例数据集中出现的次数。

3.4.3 特征

由上述示例可知，需要一些特征，如水果是绿色、黄色还是红色的，是否是热带水果。现在重点分析垃圾邮件检测项目。究竟什么是特征呢？

类别	???	???	???
垃圾邮件			
正常邮件			

电子邮件是由什么构成的？是单词构成了一封电子邮件。因此，需要考虑每个单词的特征。在此更进一步，利用之前在采用 TF – IDF 进行开发时的直觉，并选择采用文档中各个单词出现的频率。并不是计算存在 1 的个数，而是计算文档中存在某个单词的总个数。

由此可得下表：

类别	有×××	有地址	免费	符合语言学	…
垃圾邮件	200	189	70	2	…
正常邮件	1	2	55	120	…

这表明存在着很多特征。当然可以尝试列举出所有可能的计算。但这样会很繁琐且计算量很大。相反，可以尝试一种巧妙的方法。具体来说，是利用另一种条件概率的定义来减少所需的计算量。

3.4.4 贝叶斯定理

条件概率公式还可根据贝叶斯定理表示为

$$P(A \mid B) = \frac{P(B \mid A)P(A)}{P(B)}$$

式中，记 $P(A)$ 为先验概率，$P(B \mid A)$ 为似然性。这些正是关键信息，而 $P(B)$ 基本上是一个常数。

上述理论似乎有些枯燥。这与本例项目有什么关系？

首先，可以将一般贝叶斯定理重新表示为适用于本例项目的公式：

$$P(\text{类} \mid \text{文档}) = \frac{P(\text{类})P(\text{文档} \mid \text{类})}{P(\text{文档})}$$

该公式完美地诠释了本例项目。给定一个由单词构成的文档，该文档是正常邮件或垃圾邮件的概率分别是多少呢？在下一节中，将介绍如何利用不到 100 行的代码将该公式转换为一个功能强大的分类器。

3.5 分类器实现

本章前面大致介绍了一个不起任何实际作用的虚拟分类器。现在来具体实现该分类器：

```
type Classifier struct {
  corpus *corpus.Corpus

  tfidfs [MAXCLASS]*tfidf.TFIDF
  totals [MAXCLASS]float64

  ready bool
  sync.Mutex
}
```

在此具体分析上述分类器结构：

- 首先定义 corpus. Corpus 类型。
- 这是从 corpus 软件包导入的一个类型，该软件包是针对 Go 语言的 NLP 库——lingo 库中的一个子包。
- 要安装 lingo，只需运行 go get – u github. com/chewxy/lingo / . . . .。
- 要使用 corpus 软件包，只需按如下操作导入：import "github. com/chewxy/lingo/corpus"。

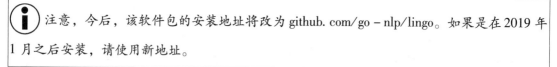

注意，今后，该软件包的安装地址将改为 github. com/go – nlp/lingo。如果是在 2019 年 1 月之后安装，请使用新地址。

corpus. Corpus 对象只是将一个单词映射为一个整数。原因有两方面：

- 节省内存：［］int 所用内存远少于［］string。一旦一条语料转换为 ID，就可以释放字符串所占的内存。目的是提供一种替代字符串驻留的机制。
- 字符串驻留是不定的：字符串驻留是一个过程，在整个程序的内存中，只存在一个字符串副本。事实证明，对于大多数任务来说，这会比预期更为困难。而整数可提供一个更稳定的驻留过程。

接下来，是两个数组字段。具体来说，即 tfidfs［MAXCLASS］* tfidf. TFIDF 和 totals［MAXCLASS］float64。这时就需要讨论 Class 类型。

3.5.1　类

在编写数据摄取的代码时，介绍了 Class 类型。以下是 Class 的定义：

```
type Class byte

const (
  Ham Class = iota
  Spam
  MAXCLASS
)
```

换句话说，即 Ham 为 0，Spam 为 1，MAXCLASS 为 2。这些都是常量，不能在运行时更改。值得注意的是，这种方法存在着局限性。特别是，这意味着在运行程序之前必须事先已知有多少个类。在本例中，已知最多有两个类：垃圾邮件或正常邮件。如果已知还有第三个类，如 Prosciutto，那么就需要在 MAXCLASS 之前将其编码为一个值。使用一个常量数值型来定义一个 Class 有很多原因。其中，两个主要原因是出于正确性和性能的考虑。

假设一个函数以 Class 作为输入：

```
func ExportedFn(a Class) error {
  // 根据a进行判断
}
```

若在该库外部调用上述函数，输入参数为 3：ExportedFn（Class（3））。如果存在以下验证函数，则可以立即判断该值是否有效：

```
func (c Class) isValid() bool { return c < MAXCLASS }
```

当然，这不如 Haskell 等其他语言那么简单直观，如只需输入：

```
data Class = Ham
           |Spam
```

而且，还需编译器检查是否正确调用，即输入的值是否有效。另外，为保证正确性，需要在运行时进行检查。

现在，ExportedFn 函数如下所示：

```
func ExportedFn(a Class) error {
  if !a.isValid() {
    return errors.New("Invalid class")
  }
  // 根据a进行判断
  }
}
```

数据类型具有有效值范围的概念并非革命性的创新。例如，Ada 语言自 20 世纪 90 年代就已经设置了边界范围。使用常量值作为 MAXCLASS 取值范围的好处在于可以仿照取值范围检查，并在运行时执行。在这方面，Go 语言与 Python、Java 或其他非安全性语言大致相同。然而，其真正优势在于性能方面。

> ⊙ TIP　一个好的软件工程实践技巧是让程序在不牺牲易读性或简洁性的前提下尽可能便于理解。使用常量数值（或枚举型）通常易于让程序员理解该值的约束范围。正如将在下节中所述，具有常量字符串值会让程序员无法限制取值范围。这正是经常会产生错误的地方。

注意，在 Classifier 结构中，tfidfs 和 totals 都是数组。与切片类型不同，Go 语言中的数组在访问数据值时不需要额外的间接层。这会使得程序执行得更快。但若要真正理解这种设计的权衡之处，还需要考虑 Class 的替代设计，以及其中字段的替代设计，即 tfidfs 和 totals。

类替代设计

在这里，设想一个类的替代设计：

```
type Class string

const (
  Ham Class = "Ham"
  Spam Class = "Spam"
)
```

鉴于上述变化，必须更新 Classifier 的定义：

```
type Classifier struct {
  corpus *corpus.Corpus

  tfidfs map[Class]*tfidf.TFIDF
  totals map[Class]float64

  ready bool
  sync.Mutex
}
```

现在，考虑获取 Ham 类总数的具体步骤：

1）字符串必须经过哈希处理。

2）哈希处理是用于查找 totals 数据所在的存储区。

3）对存储区进行间接寻址，检索数据并将其返回给用户。

现在再考虑如果是正常的类设计方式，那么获取 Ham 类总数所需的步骤：

- 由于 Ham 是一个数字，则可以直接计算数据的位置，以便检索并返回给用户。

通过使用常量值和 Class 类型的数值定义，以及 totals 的数组类型，可以省略上述两个步骤。这样就会使得程序性能有所改进。在本例项目中，性能的改善几乎可以忽略不计，除非数据量达到一定规模。

本节关于 Class 设计的目的是强调一种支持机器执行的概念。如果了解计算机的工作原理，那么就可以设计出可快速执行的机器学习算法。

至此，在整个示例练习中始终默认存在一种假设条件。这就是 main 软件包。如果要设计一个在不同数据集上可重用的软件包，那么需要权衡的考虑因素会有很大不同。在软件工程方面，软件包过度通用往往会导致难以调试的漏洞问题。最好的方法是编写一些更具体的特定专用数据结果。

3.5.2　分类器第Ⅱ部分

另一种主要考虑因素是朴素贝叶斯分类器程序非常简单，而且很难出错。实际上整个程序不足 100 行。接下来，进行进一步分析。

到目前为止，已经大致勾画出 Train 方法的功能，该函数是在一组给定输入集上训练分类器。Train 函数具体如下：

```
func (c *Classifier) Train(examples []Example) {
  for _, ex := range examples {
    c.trainOne(ex)
  }
}

func (c *Classifier) trainOne(example Example) {
  d := make(doc, len(example.Document))
  for i, word := range example.Document {
    id := c.corpus.Add(word)
    d[i] = id
  }
  c.tfidfs[example.Class].Add(d)
  c.totals[example.Class]++
}
```

显而易见，Train 函数是一种复杂度为 $O(NM)$ 的操作。但该函数的结构会使得并行调用 c. trainOne 非常简单。针对本例项目，可能无关紧要，因为该程序可在 1s 内完成。但是，如果要使得该程序能够适用于更大规模和更多样化的数据集，那么并行调用就很有必要。Classifier 和 tfidf. TFIDF 结构中包含有互斥体，以便于这类扩展。

值得注意的是 trainOne 函数。通过观察可知，该函数的作用是将每个单词添加到语料库，并获取其 ID，然后将 ID 添加到 doc 数据类型中。顺便提一下，doc 数据类型定义如下：

```
type doc []int

func (d doc) IDs() []int { return []int(d) }
```

上述定义形式是为了能够适应于 tfidf. TFIDF. Add 可接受的接口。

接下来，仔细观察 trainOne 方法。在生成 doc 后，示例中的单词将添加到语料库中，而将相应的 ID 置于 doc 中。然后将 doc 添加到相关类的 tfidf. TFIDF 中。

乍一看，训练过程很简单，只是添加了 TF 统计数据。

但真正的作用是在 Predict 和 Score 方法中。

Score 函数定义如下：

```
func (c *Classifier) Score(sentence []string) (scores [MAXCLASS]float64) {
  if !c.ready {
    c.Postprocess()
  }

  d := make(doc, len(sentence))
  for i, word := range sentence {
    id := c.corpus.Add(word)
    d[i] = id
  }

  priors := c.priors()

  // 每个类的得分
  for i := range c.tfidfs {
    score := math.Log(priors[i])
```

```
  // 似然性
  for _, word := range sentence {
    prob := c.prob(word, Class(i))

      score += math.Log(prob)
    }

    scores[i] = score
  }
  return
}
```

给定一个标记化语句，需要返回每个类的 scores。这样就可以查看 scores 并找到得分最高的类：

```
func (c *Classifier) Predict(sentence []string) Class {
  scores := c.Score(sentence)
  return argmax(scores)
}
```

需要深入分析 Score 函数，因为这是关键所在。首先，检查分类器是否准备好得分。在线机器学习系统是随着新数据的不断输入而进行学习。这种设计意味着分类器不能以在线方式使用。所有训练都需要提前完成。一旦训练完成，分类器将被锁定，而不能再进行训练。任何新数据都只能用于另外一次运行。

后处理（Postprocess）方法非常简单。在记录了所有 TF 统计数据之后，现在需要计算每个词条相对于文档的重要性。tfidf 软件包可执行一个基于对数的 IDF 简单计算，当然也可以采用其他 IDF 计算函数，如下所示：

```
func (c *Classifier) Postprocess() {
  c.Lock()
  if c.ready {
    c.Unlock()
    return
  }

  var docs int
  for _, t := range c.tfidfs {
    docs += t.Docs
  }
  for _, t := range c.tfidfs {
    t.Docs = docs
    // t.CalculateIDF()
    for k, v := range t.TF {
      t.IDF[k] = math.Log1p(float64(t.Docs) / v)
    }
  }
  c.ready = true

  c.Unlock()
}
```

值得注意的是，每个类的文档计数都会更新：t.Docs = 所有文档总和的 docs。这是因为在添加每个类的词条频率时，tfidf.TFIDF 结构不会记录其他类中的文档。

计算 IDF 的目的是为了控制更多的值。

回想一下，条件概率可以根据贝叶斯定理形式表示为

$$P(类 \mid 文档) = \frac{P(类)P(文档 \mid 类)}{P(文档)}$$

再次利用英文单词来进行重新阐述，以便于更好理解该公式，首先熟悉一下这些术语：

1）P（类）：这是类的先验概率。如果已有一组电子邮件，从中随机选择一封，那么该电子邮件是正常邮件或垃圾邮件的概率是多少？这在很大程度上取决于所拥有的数据集。通过探索性分析可知，正常邮件和垃圾邮件的比例大约为 80∶20。

2）P（文档 | 类）：这是指任何一个随机文档属于某类的似然性。由于文档是由单个单词组成，在此简单假设这些单词彼此独立。所以需要计算 P("hello" | Ham)·P("sir" | Ham)…的概率。假设单词是独立的，那么只需将概率相乘。

所以，如果用文字描述，即给定一个文档，其是正常邮件的条件概率是该文档是正常邮件的先验概率乘以该文档是正常邮件的似然性。

细心的读者可能会注意到在此没有解释 P（文档）。原因很简单。一个文档的概率是多大。其实是语料库中各个单词的概率之积。这无论如何都不会与 Class 有关。可能只是一个常数。

此外，如果采用概率相乘，可能会出现另一个问题。概率相乘往往会导致值越来越小。计算机中没有真正的有理数。float64 型只是一个弥补计算机基本限制的技巧。在处理机器学习问题时，经常会遇到数字太小或太大的边界情况。

幸运的是，对于这种情况，已有一个很好的解决方案：可以选择在对数域中执行。不再计算似然性，而是考虑对数似然。取对数后，乘法运算就变为加法运算。这样就极大地简化了计算。对于大多数情况，包括本例项目，这是一个很好的选择。在某些情况下，可能希望归一化概率。那么，忽略分母将行不通了。

现在，查看计算先验概率的代码：

```
func (c *Classifier) priors() (priors []float64) {
  priors = make([]float64, MAXCLASS)
  var sum float64
  for i, total := range c.totals {
    priors[i] = total
    sum += total
  }
  for i := Ham; i < MAXCLASS; i++ {
    priors[int(i)] /= sum
  }
  return
}
```

先验概率实际上是正常邮件或垃圾邮件占所有文档总和的比例。这很简单。为计算似然性，观察 Score 函数中的循环体：

```
// 似然性
for _, word := range sentence {
  prob := c.prob(word, Class(i))
  score += math.Log(prob)
}
```

为了便于理解，在此将似然函数合并到计算得分函数中。但似然函数的重要之处是给出了给定类下单词的概率总和。如何计算 $P(\text{Word}_i \mid \text{Class}_j)$？具体如下：

```go
func (c *Classifier) prob(word string, class Class) float64 {
  id, ok := c.corpus.Id(word)
  if !ok {
    return tiny

  }

  freq := c.tfidfs[class].TF[id]
  idf := c.tfidfs[class].IDF[id]
  // idf := 1.0

  // 单词在类中根本不会出现。
  if freq == 0 {
    return tiny
  }

  return freq * idf / c.totals[class]
}
```

首先，检查是否出现该单词。如果没有出现该词，则返回一个很小的默认值 tiny，即一个极小的非零值，避免产生除零错误。

某一单词在某类中的出现概率实际上就是该词条频率除以该类中的单词总数。但在此要更进一步。控制频繁出现的单词是确定类概率的一个重要因素，为此将其乘以之前计算得到的 IDF。这就是如何获得给定类下的单词概率。

在计算得到概率后，对其取对数，然后添加到得分中。

3.6 程序整合

现在，已分析了所有组成部分。接下来，分析如何将这些函数整合在一起：

1）首先摄取数据集，然后将数据分成训练集和交叉验证集。要进行 k 折交叉验证，需将数据集分为十份。在此并不这样做。相反，仅保留 30% 的数据以进行单次交叉验证：

```go
typ := "bare"
examples, err := ingest(typ)
log.Printf("errs %v", err)
log.Printf("Examples loaded: %d", len(examples))
shuffle(examples)
cvStart := len(examples) - len(examples)/3
cv := examples[cvStart:]
examples = examples[:cvStart]
```

2）然后，训练分类器，并检查分类器是否能够对该数据集进行很好的预测：

```go
c := New()
c.Train(examples)

var corrects, totals float64
for _, ex := range examples {
```

```
    // log.Printf("%v", c.Score(ham.Document))
    class := c.Predict(ex.Document)
    if class == ex.Class {
      corrects++
    }
    totals++
  }
  log.Printf("Corrects: %v, Totals: %v. Accuracy %v", corrects,
totals, corrects/totals)
```

3）在训练好分类器之后，对数据执行交叉验证：

```
log.Printf("Start Cross Validation (this classifier)")
corrects, totals = 0, 0
hams, spams := 0.0, 0.0
var unseen, totalWords int
for _, ex := range cv {
  totalWords += len(ex.Document)
  unseen += c.unseens(ex.Document)
  class := c.Predict(ex.Document)
  if class == ex.Class {
    corrects++
  }
  switch ex.Class {
  case Ham:
    hams++
  case Spam:
    spams++
  }
  totals++
}
```

4）在此，还添加了一个 unseen 和 totalWords 的计数，作为一个简单的统计数据，以观察分类器针对未知单词的分类效果。

另外，由于事先已知数据集包含大约 80% 的正常邮件和 20% 的垃圾邮件，因此存在一个基准线。简单地说，可以编写一个执行此操作的分类器：

```
type Classifier struct{}
func (c Classifier) Predict(sentence []string) Class { return Ham }
```

假设已有这样一个分类器。那么 80% 的情况下都是正确的！为了鉴别该分类器是否性能良好，则必须突破该基准线。在本章中，只需输出统计数据并相应地调整：

```
  fmt.Printf("Dataset: %q. Corrects: %v, Totals: %v. Accuracy %v\n", typ,
corrects, totals, corrects/totals)
  fmt.Printf("Hams: %v, Spams: %v. Ratio to beat: %v\n", hams, spams,
hams/(hams+spams))
  fmt.Printf("Previously unseen %d. Total Words %d\n", unseen, totalWords)
```

至此，最终的 main 函数如下所示：

```
func main() {
  typ := "bare"
  examples, err := ingest(typ)
  if err != nil {
    log.Fatal(err)
```

```
    }

    fmt.Printf("Examples loaded: %d\n", len(examples))
    shuffle(examples)
    cvStart := len(examples) - len(examples)/3
    cv := examples[cvStart:]
    examples = examples[:cvStart]

    c := New()
    c.Train(examples)

    var corrects, totals float64
    for _, ex := range examples {
      // fmt.Printf("%v", c.Score(ham.Document))
      class := c.Predict(ex.Document)
      if class == ex.Class {
        corrects++
      }
      totals++
    }
    fmt.Printf("Dataset: %q. Corrects: %v, Totals: %v. Accuracy %v\n", typ,
corrects, totals, corrects/totals)

    fmt.Println("Start Cross Validation (this classifier)")
corrects, totals = 0, 0
hams, spams := 0.0, 0.0
var unseen, totalWords int
for _, ex := range cv {
  totalWords += len(ex.Document)
  unseen += c.unseens(ex.Document)
  class := c.Predict(ex.Document)
  if class == ex.Class {
    corrects++
  }
  switch ex.Class {
  case Ham:
    hams++
  case Spam:
    spams++
  }
  totals++
}

  fmt.Printf("Dataset: %q. Corrects: %v, Totals: %v. Accuracy %v\n", typ,
corrects, totals, corrects/totals)
  fmt.Printf("Hams: %v, Spams: %v. Ratio to beat: %v\n", hams, spams,
hams/(hams+spams))
  fmt.Printf("Previously unseen %d. Total Words %d\n", unseen, totalWords)
}
```

在 bare 语料库上运行上述程序，所得结果如下：

```
Examples loaded: 2893
Dataset: "bare". Corrects: 1917, Totals: 1929. Accuracy 0.9937791601866252
Start Cross Validation (this classifier)
Dataset: "bare". Corrects: 946, Totals: 964. Accuracy 0.9813278008298755
Hams: 810, Spams: 154. Ratio to beat: 0.8402489626556017
Previously unseen 17593. Total Words 658105
```

若要查看删除停用词和词干提取的效果，只需切换为使用 lemm_stop 数据集，相应的结果如下：

```
Dataset: "lemm_stop". Corrects: 1920, Totals: 1929. Accuracy
0.995334370139969
Start Cross Validation (this classifier)
Dataset: "lemm_stop". Corrects: 948, Totals: 964. Accuracy
0.983402489626556
Hams: 810, Spams: 154. Ratio to beat: 0.8402489626556017
Previously unseen 16361. Total Words 489255
```

无论何种情况，分类器都是非常有效的。

3.7 小结

在本章中，介绍了朴素贝叶斯分类器的基本知识——基于统计学基本原理编写的分类器在任何时候都将优于所有公开的可用代码库。

该分类器不到 100 行代码，但可提供强大功能。以 98% 或更高的准确率进行分类并非难事。

98% 的准确率说明这并不是最先进的。现有的技术可实现高达 99.xx% 的准确率。最后一个百分点的竞争主要取决于数据规模。假设对于 Google 公司的 Gmail 而言，0.01% 的错误率意味着数百万封的电子邮件被错误分类，这就会导致许多用户不满意。

大多数情况下，在机器学习中是否采用未经测试的新方法实际上取决于问题的规模大小。根据我过去 10 年从事机器学习研究的经验，大多数公司都没有达到这种量级的数据。因此，简单的朴素贝叶斯分类器即可达到很好的效果。

在下一章中，将讨论人类面临的最棘手的问题之一：时间。

第4章
利用时间序列分析分解
二氧化碳趋势

如果是在2055年阅读本书——假设仍然采用基于普通纪元的纪年系统（一年是指地球绕太阳一周所用的时间）——那么恭喜你！你还健在。本书是写于2018年，当时作为人类需要考虑物种生存方面的许多问题。

总的来说，人类已经进入一个相对稳定的和平时代，但整个物种的未来在某种程度上仍受到各种威胁。这些威胁大多都是由于人类过去的行为所造成的。在此，需要强调的是，并不是将造成这些威胁的责任归咎于过去的任何人。人类祖先忙于不断进化来实现各种目标，而这些生存威胁通常是当时行为所产生的不可预见的副作用。

从生物学角度来说，一个复杂的因素是人类发展没有长远之计。人类大脑并未考虑到未来正是当前的延续[0,1]。因此，常常认为事不关己高高挂起，或杞人忧天。这就导致了没有做到未雨绸缪。从而产生许多人类过去行为所造成的威胁。

其中一种威胁就是失控的气候变化，可能会破坏人类的整个生活方式，并甚至可能威胁到整个人类物种的灭绝。这是真实客观存在的而没有丝毫夸张。人类引起的气候变化是一个涉及许多生境的广泛话题。而诱发气候变化的主要原因是二氧化碳（CO_2）的排放急剧增加。

本章将对空气中的二氧化碳进行时间序列分析。主要目的是介绍时间序列分析方法。在技术方面，将学习使用Gonum进行更精细的绘图。此外，还将学习如何处理非常规数据格式。

4.1 探索性数据分析

空气中的二氧化碳含量是可以测量的。自20世纪50年代初以来，美国海洋与大气管理局（NOAA）一直在收集空气中二氧化碳含量的数据。本章所用的数据来自于 https://www.esrl.noaa.gov/gmd/ccgg/trends/data.html。在此，主要是使用 Mauna Loa 月平均数据。

删除注释后的数据如下所示：

```
# 带小数位的平均插值趋势 # 天
# 日期(季节修正)
1958  3  1958.208  315.71  315.71  314.62  -1
1958  4  1958.292  317.45  317.45  315.29  -1
1958  5  1958.375  317.50  317.50  314.71  -1
1958  6  1958.458  -99.99  317.10  314.85  -1
1958  7  1958.542  315.86  315.86  314.98  -1
1958  8  1958.625  314.93  314.93  315.94  -1
```

其中，特别的是对插值列很感兴趣。

因为这是一个特别有趣的数据集，因此有必要了解如何在 Go 语言中直接下载和预处理数据。

4.1.1 从非 HTTP 数据源下载

首先，编写数据下载函数，如下所示：

```
func download() io.Reader {
  client, err := ftp.Dial("aftp.cmdl.noaa.gov:21")
  dieIfErr(err)
  dieIfErr(client.Login("anonymous", "anonymous"))
  reader, err := client.Retr("products/trends/co2/co2_mm_mlo.txt")
  dieIfErr(err)
  return reader
}
```

NOAA 数据位于可公开访问的 FTP 服务器上：ftp：//aftp. cmdl. noaa. gov/products/trends/ co2/co2_mm_mlo. txt。如果是通过 web 浏览器访问 URI，可直接查看数据。以编程方式访问数据有点棘手，因为这不是典型的 HTTP URL。

在此，将利用 github. com/jlaffaye/ftp 中的软件包来连接 FTP。该软件包可采用 Go 语言中标准的 get 方法来安装：go get – u github. com/jlaffaye/ftp。有关该软件包的文档有点少，需要稍微熟悉 FTP 规范。不过，不用担心，利用 FTP 获取文件相对简单。

首先，需要拨号接入服务器（如果是使用 HTTP 终端，则需要执行相同的操作。net/http 只是提取拨号接入信息，而无需了解后台执行的具体操作）。由于拨号接入服务是一个相当底层的过程，因此需要提供端口。正如约定 HTTP 服务器侦听端口 80 一样，约定 FTP 服务器侦听端口 21，因此必须连接到指定在端口 21 上连接的服务器。

对于那些不习惯使用 FTP 的人来说，另一个困惑之处是 FTP 需要登录到服务器。对于具有匿名只读访问权限的服务器，通常约定使用 anonymous 作为用户名和密码。

成功登录之后，就可以检索请求资源（即所需要的文件）并下载该文件。ftp 库位于 github. com/jlaffaye/ftp 中，并可返回 io. Reader。io. Reader 可看作是一个包含数据的文件。

4.1.2 处理非标准数据

只需利用标准库，即可轻松解析数据：

```
func parse(l loader) (dates []string, co2s []float64) {
  s := bufio.NewScanner(l())
  for s.Scan() {
    row := s.Text()
    if strings.HasPrefix(row, "#") {
      continue
    }
    fields := strings.Fields(row)
    dates = append(dates, fields[2])
    co2, err := strconv.ParseFloat(fields[4], 64)
    dieIfErr(err)
    co2s = append(co2s, co2)
  }
  return
}
```

解析函数加载了一个 loader，当调用该 loader 时，可返回一个 io. Reader。然后将 io. Reader 封装在 bufio. Scanner 中。注意，格式不标准。有些是需要的信息，而有些是无用的。但数据格式是相当一致的——可以使用标准库函数来过滤需要的和不想要的信息。

s. Scan（）方法会不断扫描 io. Reader，直到遇到换行符为止。在此使用 s. Text（）检索字符串。如果字符串以#开头，就跳过该行。

否则，使用 strings. Fields 将字符串拆分为字段。之所以使用 strings. Fields 而不是 strings. Split，是因为后者不能很好地处理多个空格。

在将一行数据拆分为字段之后，可以解析出一些必要信息：

type loader func（）io. Reader

为什么需要一个 loader 类型呢?

原因很简单：在开发程序时，不能重复地从 FTP 服务器请求数据。相反，可缓存该文件，并在开发模式下进行利用。这样，就无需一直从互联网上下载了。

从文件中读取的相应 loader 如下，且相当容易理解：

```go
func readFromFile() io.Reader {
    reader, err := os.Open("data.txt")
    dieIfErr(err)
    return reader
}
```

4.1.3 处理小数型日期

在上述数据中，所用的一种自定义格式是日期。这是一种称为小数型日期的格式。具体如下：

2018.5

这意味着该日期是指 2018 年的年中。2018 年有 365 天。50% 的标志应该是一年中的第 183 天，即 2018 年 7 月 3 日。

可以按照上述逻辑转换成下列代码：

```go
// parseDecimalDate函数是提取小数型日期"2018.05"格式的字符串，并将其转换为日期
//
func parseDecimalDate(a string, loc *time.Location) (time.Time, error) {
    split := strings.Split(a, ".")
    if len(split) != 2 {
        return time.Time{}, errors.Errorf("Unable to split %q into a year
followed by a decimal", a)
    }
    year, err := strconv.Atoi(split[0])
    if err != nil {
        return time.Time{}, err
    }
    dec, err := strconv.ParseFloat("0."+split[1], 64)  // 如果忘记添加"0.",
则可能会产生错误
    if err != nil {
        return time.Time{}, err
    }
```

```
// 处理闰年
var days float64 = 365
if year%400 == 0 || year%4 == 0 && year%100 != 0 {
  days = 366
}

start := time.Date(year, time.January, 1, 0, 0, 0, 0, loc)
daysIntoYear := int(dec * days)
retVal := start.AddDate(0, 0, daysIntoYear)
return retVal, nil
}
```

第一步是将字符串拆分为年份和小数部分。将年份解析为 int 数据类型，而将小数部分解析为浮点数，以确保可以执行数学运算。在此，需要注意的是，如果不小心，就可能会产生错误，所以在拆分字符串之后，需要将 "0." 添加在字符串前面。

一个更简洁的方法是将字符串解析为 float64 型，然后使用 math. Modf 将浮点数拆分为整数部分和小数部分。

无论采用哪种方式，一旦获取小数部分，就可以计算出这是一年中哪一天。但首先需要确定这一年是否是闰年。

可以简单地用小数部分乘以一年中的天数来计算是这一年中的哪一天。然后，只需添加日期值，并返回日期。

> ⓘ 需要注意的是，在函数中输入了一个 *time. Location 参数——在本例中，已知观测点位于夏威夷，因此将其设置为 Pacific/Honolulu。虽然在这种情况下，可以将位置设置为世界上任何一个其他位置，但都不会改变数据的结果。但这对于本项目是唯一的——在其他时间序列数据中，时区可能很重要，因为数据收集方法可能涉及来自不同时区的时间数据。

4.1.4　绘图

现在，已经完成了文件的获取和解析，接下来，需要绘制数据。与第 2 章中一样，将采用 Gonum 中强大的绘图库。不过在此将讨论更多的细节。具体将学习以下内容：

- 如何绘制时间序列。
- 如果将一个图分解成元素，以及如何利用这些元素来设置图表样式。
- 如何为 Gonum 中没有提供的图表类型创建绘图程序。

首先编写一个绘制时间序列的函数：

```
func newTSPlot(xs []time.Time, ys []float64, seriesName string) *plot.Plot
{
  p, err := plot.New()
  dieIfErr(err)
  xys := make(plotter.XYs, len(ys))
  for i := range ys {
    xys[i].X = float64(xs[i].Unix())
    xys[i].Y = ys[i]
    }
```

```
    l, err := plotter.NewLine(xys)
    dieIfErr(err)
    l.LineStyle.Color = color.RGBA{A: 255} // 黑色
    p.Add(l)
    p.Legend.Add(seriesName, l)
    p.Legend.TextStyle.Font = defaultFont

    // dieIfErr(plotutil.AddLines(p, seriesName, xys))

    p.X.Tick.Marker = plot.TimeTicks{Format: "2006-01-01"}
    p.Y.Label.TextStyle.Font = defaultFont
    p.X.Label.TextStyle.Font = defaultFont
    p.X.Tick.Label.Font = defaultFont
    p.Y.Tick.Label.Font = defaultFont
    p.Title.Font = defaultFont
    p.Title.Font.Size = 16

    return p
}
```

在此，仍然使用已经熟悉的 plotter. XYs（在第 1 章已了解）。但不像上次那样使用 plotutil. AddLines，而是人工手动完成，这样可以更好地设置线条样式。

在上述程序中，只需利用 plotter. newline 创建一个新的 * Line 对象。* Line 对象主要是 plot. Plotter，可以将任何类型都绘制到画布上。本章后面将讨论如何创建自己的 plot. Plotter 接口和其他关联类型来绘制一个自定义类型。

样式

现在，访问 * Line 对象可以采用更多的样式。为了符合本章中相对压抑的内容而设定一个合适的基调，在此选择了一条纯黑色线（事实上，我越来越喜欢全黑色的图表，甚至开始在日常绘图中都使用这种线条）。值得注意的是，设置格式如下：

```
    l.LineStyle.Color = color.RGBA{A: 255}
```

l. LineStyle. Color 采用 color. Color——color. RGBA 是标准库中颜色库所提供的结构体。该结构体有四个表示颜色的字段，如 Red、Green、Blue 和 Alpha。在此采用了 Go 语言的默认值 0。但 Alpha 值设为 0 意味着不可见。因此，只将 A 字段设置为 255，其余字段默认为 0，这样就显示为纯黑色。

设置好线条样式后，利用 p. Add（l）将线条添加到绘图中。因为在此没有使用 plotutil. AddLines，这只是代替了一些人工操作，这时会发现执行 p. Add(l) 函数，不会在图中出现图例。没有图例的图通常是没有意义的。因此，还需要通过 p. Legend. Add（seriesName，l）来添加图例。

除了颜色、宽度等之外，还想给本章中的图设置一种更为严峻的感觉——毕竟，本章的内容是非常悲观和压抑的。在此认为默认字体 Times New Roman 有点太人性化了。所以，需要改变字体。幸运的是，扩展的 Go 语言标准库包含了一个字体处理库。虽然通常我会选择使用 slab serif 样式的字体，以使其看起来更冷峻，但 Go 语言本身也提供了一种效果很好的字体——Go 字体系列。

如何在 * plot. Plot 中更改字体呢? * plot. Plot 中的大部分组件都是采用 draw. TextStyle，这是一种用于配置文本样式（包括字体）的数据结构。这样就可以通过设置这些字段来表明想要使用所选择的字体。

正如上面所述，在扩展标准库中，Go 语言包含了字体和字体处理工具。在此将会用到。首先，必须安装软件包：go get – u golang. org/x/image/font/gofont/gomono 和 go get – u github. com/golang/freetype/truetype。前者是 Go 系列字体中默认的官方 Monospace Type 字体。后者是一个处理 TrueType 字体的库。

这里必须注意，在利用 draw. TextStyle 配置字体时，字体是位于 vg. Font 类型中，其中封装了 * truetype. Font 字体类型。如果执行 truetype. Parse(gomono. TTF)，将得到 * truetype. Font。vg 软件包提供了一个生成这些字体的函数——vg. MakeFont。之所以需要这样做而不是仅使用 * truetype. Font，是因为 vg 中具有大量后端，其中一些可以渲染字体的后端需要有关字体大小的信息。

因此，为了避免多次调用来解析字体和生成 vg. Font 类型，可以将其放在全局变量中，前提是已经确定所有字体样式都是相同的：

```
var defaultFont vg.Font

func init() {
  font, err := truetype.Parse(gomono.TTF)
  if err != nil {
    panic(err)
  }
  vg.AddFont("gomono", font)
  defaultFont, err = vg.MakeFont("gomono", 12)
  if err != nil {
    panic(err)
  }
}
```

完成上述操作后，可以将所有 draw. TextStyle. Font 设置为 defaultFont。然而，设置默认字体大小为 12 并不意味着所有内容都限制为这么大。因为 vg. Font 是结构体，而不是指向结构体的指针，一旦在对象中设置好，就可以随意更改特定字段的字体大小，如下面两行代码所示：

```
p.Title.Font = defaultFont
p.Title.Font.Size = 16
```

main 函数的代码如下：

```
func main() {
  dateStrings, co2s := parse(readFromFile)
  dates := parseDates(dateStrings)
  plt := newTSPlot(dates, co2s, "CO2 Level")
  plt.X.Label.Text = "Time"
  plt.Y.Label.Text = "CO2 in the atmosphere (ppm)"
  plt.Title.Text = "CO2 in the atmosphere (ppm) over time\nTaken over the
Mauna-Loa observatory"
  dieIfErr(plt.Save(25*vg.Centimeter, 25*vg.Centimeter, "Moana-Loa.png"))
}
```

所得的结果很清晰，如下图所示：

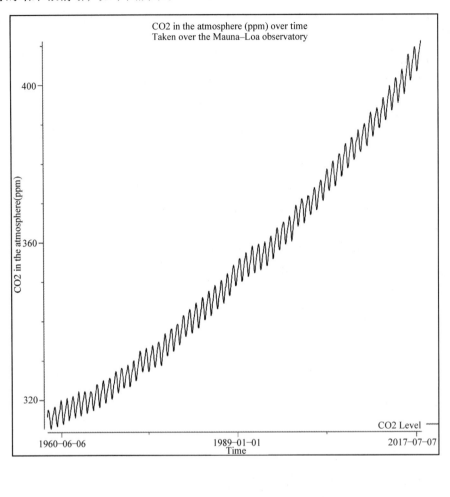

4.2 分解

关于上图，有两点需要注意：

- 随着时间的推移，大气中的二氧化碳含量稳步上升。
- 二氧化碳含量有升有降，但最终趋势是整体上升。这些起伏是有规律的。

第一点是统计学家已知的趋势。或许你已经熟悉 Microsoft Excel 中趋势线的概念。趋势是一种描述随时间逐渐变化的模式。在本例中，显然趋势是上升的。

第二点称为季节性变化——事实证明，的确如此。季节性描述了有规律性的变化模式。仔细观察上图可见，通常在每年的 8 ~ 10 月左右，二氧化碳含量会下降到一年中的最低水平。之后，会再次稳步上升，直到 5 月左右达到峰值。为什么会发生这种情况，这里有一个重要提示：植物通过一个称为光合作用的过程从空气中吸收二氧化碳。光合作用需要植物细胞中一个称为叶绿体的细胞器，其中含有一种称为叶绿素的绿色色素。如果是生活在北半球，那么会很清楚从春天到秋天树木是最绿的。这在很大程度上与 5 ~ 10 月的时间相吻合。

季节变化会引起大气中二氧化碳含量的变化。这时就明白为什么"季节性"一词非常贴切。

或许会问道：能否将趋势与季节性区分开来，这样就能够单独地研究每个组成部分？答案是肯定的，确实可以。事实上，在本节的其余部分中，将介绍如何实现。

至于为什么要这么做，在本例项目中，到目前为止已经了解到受实际日历季节影响的季节性。假设为一家西方国家的玩具公司进行统计分析。每年圣诞节前后都会出现年度高峰。通常，季节性因素会给分析工作增加干扰——很难判断销售额的增长是由于圣诞节还是实际上销售额确实增长。此外，有些周期并不一定遵循日历年。如果在一个以华人/越南人为主的社区进行销售，会发现在中国新年/春节前销售量会激增。而这些并不是遵循日历年。

虽然大多数时间序列都会有某种趋势和季节性因素，但必须指出，并非所有的趋势和季节性都特别有用。你或许会想将在本章中学到的知识应用到股票市场上，但买家一定要小心！分析复杂的市场与分析空气中二氧化碳的趋势或企业的销售情况有着很大的不同。市场中时间序列的基本特性有些不同——这是一个具有马尔可夫特性的过程，即可以描述为过去的表现并不代表未来的表现。相比之下，可知在本例项目中，过去与现在和未来是紧密相关的。

回到本章主题——分解。如果阅读数据文件上的注释（导入语句之前的几行），会看到以下内容：首先，根据每月的值计算 7 年窗口期中每个月的平均季节性周期。这样，季节性周期就可以随着时间的推移而缓慢变化。然后，通过删除季节性周期来确定每个月的"趋势"值。该结果显示在"趋势"列中。

4.2.1   STL

如何计算季节性周期呢？本节将采用由 Cleveland 等人在 20 世纪 80 年代末提出的一种算法，即局部加权回归（LOESS）的季节性/趋势分解（STL）法。为此特意编写了一个算法实现库。可通过执行 go get – u github. com/chewxy/stl 进行安装。

这个库非常小，只需调用一个主函数（stl. Dcompose），而且这个库还提供了一系列功能来帮助数据分解。

尽管如此，还是认为在使用 STL 算法之前，最好先大致了解该算法，因为需要有一些知识储备才能更好地利用。

1. LOESS

支持 STL 算法的是局部回归的思想——LOESS，其本身是由 LOcal regrESSion 构成的一个缩写，20 世纪 90 年代的统计学家无论提出什么方法，都会为方法命名。在第 1 章中已经了解了线性回归的概念。

回想一下，线性回归的作用是给定一个直线方程：$y = mx + c$。需要估计 m 和 c。如果将数据集拆分为许多小的局部成分，并在每个小数据集上运行回归，而不是一次性在整个数据集上执行，该怎么办呢？下面是一个具体示例：

X	Y
-1	1
-0.9	0.81
-0.8	0.64
-0.7	0.49
-0.6	0.36
-0.5	0.25
-0.4	0.16
-0.3	0.09
-0.2	0.04
-0.1	0.01
0	0
0.1	0.01
0.2	0.04
0.3	0.09
0.4	0.16
0.5	0.25
0.6	0.36
0.7	0.49
0.8	0.64
0.9	0.81

上例是一个表征 $y = x^2$ 的函数。如果每三行运行一次回归，而不是将整个数据集直接进行回归，会怎么样呢？首先从第 2 行（$x = -0.9$）开始。在该行之前和之后的数据点均为 1 个（$x = -1$ 和 $x = -0.8$）。对于第 3 行，用第 2、3、4 行作为数据点进行线性回归。在此，无需考虑局部回归的误差。只需要估计梯度和交点。所得结果如下：

X	Y	m	c
-0.9	0.81	-1.8	-0.803333333333333
-0.8	0.64	-1.6	-0.633333333333334
-0.7	0.49	-1.4	-0.483333333333334
-0.6	0.36	-1.2	-0.353333333333333
-0.5	0.25	-1	-0.243333333333333
-0.4	0.16	-0.8	-0.153333333333333
-0.3	0.09	-0.6	-0.083333333333333
-0.2	0.04	-0.4	-0.033333333333333
-0.1	0.01	-0.2	-0.003333333333333
0	0	-2.71050543121376E-17	0.0066666666666667
0.1	0.01	0.2	-0.003333333333333
0.2	0.04	0.4	-0.033333333333333
0.3	0.09	0.6	-0.083333333333333
0.4	0.16	0.8	-0.153333333333333
0.5	0.25	1	-0.243333333333333
0.6	0.36	1.2	-0.353333333333333
0.7	0.49	1.4	-0.483333333333334
0.8	0.64	1.6	-0.633333333333333
0.9	0.81	1.8	-0.803333333333333

事实上，可以证明，如果单独绘制每一行，会得到一个有点"弯曲"的形状。为此，编写一个辅助程序来绘制该图：

```go
// 构建旁注

package main

import (
  "image/color"

  "github.com/golang/freetype/truetype"
  "golang.org/x/image/font/gofont/gomono"
  "gonum.org/v1/plot"
  "gonum.org/v1/plot/plotter"
  "gonum.org/v1/plot/vg"
  "gonum.org/v1/plot/vg/draw"
)

var defaultFont vg.Font

func init() {
  font, err := truetype.Parse(gomono.TTF)
  if err != nil {
    panic(err)
  }
  vg.AddFont("gomono", font)
  defaultFont, err = vg.MakeFont("gomono", 12)
  if err != nil {
    panic(err)
  }
}

var table = []struct {
  x, m, c float64
}{
  {-0.9, -1.8, -0.803333333333333},
  {-0.8, -1.6, -0.633333333333334},
  {-0.7, -1.4, -0.483333333333334},
  {-0.6, -1.2, -0.353333333333333},
  {-0.5, -1, -0.243333333333333},
  {-0.4, -0.8, -0.153333333333333},
  {-0.3, -0.6, -0.083333333333333},
  {-0.2, -0.4, -0.033333333333333},
  {-0.1, -0.2, -0.003333333333333},
  {0, -2.71050543121376E-17, 0.006666666666667},
  {0.1, 0.2, -0.003333333333333},
  {0.2, 0.4, -0.033333333333333},
  {0.3, 0.6, -0.083333333333333},
  {0.4, 0.8, -0.153333333333333},
  {0.5, 1, -0.243333333333333},
  {0.6, 1.2, -0.353333333333333},
  {0.7, 1.4, -0.483333333333334},
  {0.8, 1.6, -0.633333333333333},
  {0.9, 1.8, -0.803333333333333},
}
```

```go
type estimates []struct{ x, m, c float64 }

func (es estimates) Plot(c draw.Canvas, p *plot.Plot) {
  trX, trY := p.Transforms(&c)
  lineStyle := plotter.DefaultLineStyle
  lineStyle.Dashes = []vg.Length{vg.Points(2), vg.Points(2)}
  lineStyle.Color = color.RGBA{A: 255}
  for i, e := range es {
    if i == 0 || i == len(es)-1 {
      continue
    }
    strokeStartX := es[i-1].x
    strokeStartY := e.m*strokeStartX + e.c
    strokeEndX := es[i+1].x
    strokeEndY := e.m*strokeEndX + e.c
    x1 := trX(strokeStartX)
    y1 := trY(strokeStartY)
    x2 := trX(strokeEndX)
    y2 := trY(strokeEndY)
    x := trX(e.x)
    y := trY(e.x*e.m + e.c)

    c.DrawGlyph(plotter.DefaultGlyphStyle, vg.Point{X: x, Y: y})
    c.StrokeLine2(lineStyle, x1, y1, x2, y2)
  }
}

func main() {
p, err := plot.New()
if err != nil {
  panic(err)
}
p.Title.Text = "X^2 Function and Its Estimates"
p.X.Label.Text = "X"
p.Y.Label.Text = "Y"
p.X.Min = -1.1
p.X.Max = 1.1
p.Y.Min = -0.1
p.Y.Max = 1.1
p.Y.Label.TextStyle.Font = defaultFont
p.X.Label.TextStyle.Font = defaultFont
p.X.Tick.Label.Font = defaultFont
p.Y.Tick.Label.Font = defaultFont
p.Title.Font = defaultFont
p.Title.Font.Size = 16
```

接下来，绘制原函数：

```go
// 原函数
original := plotter.NewFunction(func(x float64) float64 { return x * x })
original.Color = color.RGBA{A: 16}
original.Width = 10
p.Add(original)
```

```
    // 绘制估计值
    est := estimates(table)
    p.Add(est)

    if err := p.Save(25*vg.Centimeter, 25*vg.Centimeter, "functions.png");
err != nil {
        panic(err)
    }
}
```

上述代码所生成的图如下图所示：

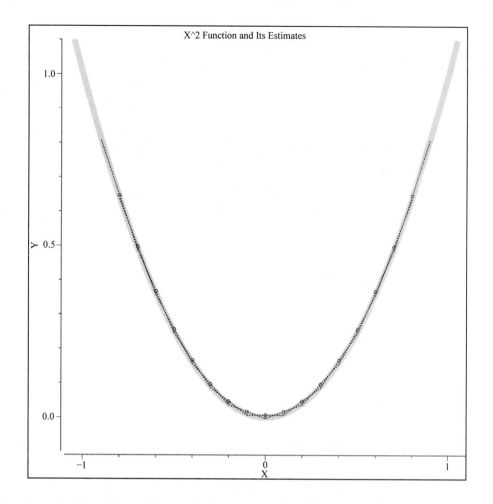

其余大部分代码将在本章后面解释，现在，只是重点阐述这样一个事实：确实可以对数据中的"局部"子集分别运行线性回归来绘制曲线。

LOESS 进一步说明了这一点，认为如果具有一个取值窗口（在玩具示例中，取值为 3），那么就应该对这些值进行加权。逻辑很简单：值越接近所考虑的行，则权重越高。如果采用的窗口大小为 5，那么在考虑第 3、2 和 4 行时，其权重应大于第 1 和 5 行。事实证明，这个宽度对平滑处理很重要。

该子软件包 github. com/chewxy/stl/loess 将 LOESS 实现为一种平滑算法。如果有兴趣了解更多细节，请仔细阅读代码。

2. 算法

回顾之前所述，目的是将时间序列分为季节性和趋势。显然，一旦剔除了季节性和趋势，就会产生一些剩余部分。称之为残差。那么，对于这些残差该如何处理呢？

为了提高算法鲁棒性，对算法进行了许多微调。在此将省略解释所执行的各种鲁棒性优化，但还是很有必要大致了解算法的工作原理。

以下是算法的大致流程：

1）计算趋势（在第一个循环中，趋势都是 0）。

2）从输入数据中减去趋势。这称为去趋势化。

3）循环执行子序列平滑：将数据划分为 N 个子循环。每个子循环对应一个周期。然后采用 LOESS 对数据进行平滑处理。所得结果是一个临时的季节性数据集。

4）对于每个临时季节性数据集（每周期一个），执行一次低通滤波——保留低频值。

5）从临时季节性数据集中减去低通滤波值，得到季节性数据。

6）从输入数据中减去季节性数据，得到新的趋势数据。

7）迭代执行步骤 1 到步骤 6，直到达到迭代次数为止。通常需要 1~2 次。

如上所述，该算法是迭代执行的——每次迭代都会对趋势进行改进，然后根据趋势来查找新的季节性数据，接着用季节性数据来更新趋势，以此类推。这是一个 STL 所依赖的非常重要的关键之处。

由此，得出需要理解该算法的第二个重要原因：STL 性能取决于数据集定义了多少个周期。

3. STL 应用

综上所述，STL 算法有两个重要参数：

- 用于平滑的宽度
- 数据集中的周期

在观察二氧化碳数据集时，可以通过计算图中的峰值个数来计算周期。图中有 60 个峰值。这与天文观察台过去 60 年来收集的数据相吻合。

现在开始从统计科学转向解释性领域。这在数据科学和机器学习中是经常出现的——往往依靠直觉来引导。

在本例中，一个难点是数据检测已经长达 60 年，所以预计至少有 60 个周期。另一个时间序列起点可以在数据集本身的注释中找到：NOAA 使用一个七年窗口期来计算季节成分。这些值是非常有用的。因此，首先需要将时间序列分解成趋势、季节性和残差各部分。

但在开始之前，还有一个需要注意的问题：要将时间序列分解成三部分，那么这三部分如何重新组合成一个整体呢？一般来说，有两种方法：加法或乘法。简而言之，可以将数据分解为以下方程：

$$数据 = 趋势 + 季节性 + 残差$$

也可以表示为

$$数据 = 趋势 \times 季节性 \times 残差$$

github. com/chewxy/stl 软件包支持上述两种模型，甚至支持"介于"加法和乘法模型之间的自定义模型。

 何时使用加法模型：当季节性不随时间序列的程度不同而变化时，使用加法模型。大多数标准业务用例的时间序列都属于这一类。

何时使用乘法模型：当季节性或趋势随时间序列的程度不同而变化时，使用乘法模型。大多数计量经济学模型都属于这一类。

在本例项目中，将采用加法模型。Main 函数如下：

```go
func main() {
  dateStrings, co2s := parse(readFromFile)
  dates := parseDates(dateStrings)
  plt := newTSPlot(dates, co2s, "CO2 Level")
  plt.X.Label.Text = "Time"
  plt.Y.Label.Text = "CO2 in the atmosphere (ppm)"
  plt.Title.Text = "CO2 in the atmosphere (ppm) over time\nTaken over the
Mauna-Loa observatory"
  dieIfErr(plt.Save(25*vg.Centimeter, 25*vg.Centimeter, "Moana-Loa.png"))

  decomposed := stl.Decompose(co2s, 12, 84, stl.Additive(),
stl.WithIter(1))
  dieIfErr(decomposed.Err)
  plts := plotDecomposed(dates, decomposed)
  writeToPng(plts, "decomposed.png", 25, 25)
}
```

现在进行分解。特别要注意各个参数：

```go
decomposed := stl.Decompose(co2s, 12, 84, stl.Additive(), stl.WithIter(1))
```

上述代码中的参数说明：

- 12：计数 60 个周期。数据为月度数据。由此可知，一个周期需要 12 个月，或通常所说的一年。
- 84：采用 NOAA 指定的平滑窗口。七年即 84 个月。
- stl. Additive( )：采用加法模型。
- stl. WithIter(1)：STL 对迭代运行次数相当敏感。默认值是 2。但如果运行太多次，所有数据都会被迭代"平滑"。因此，迭代次数取 1 次。

在接下来的部分中，将分析取值不当的例子，以及解释为什么 1 和 2 是很好的迭代次数。

你可能会注意到，在此没有指定周期个数，而是指定了周期长度。软件包希望数据间隔均匀，即任意两行之间的距离都应该相同。

运行该函数可得下图：

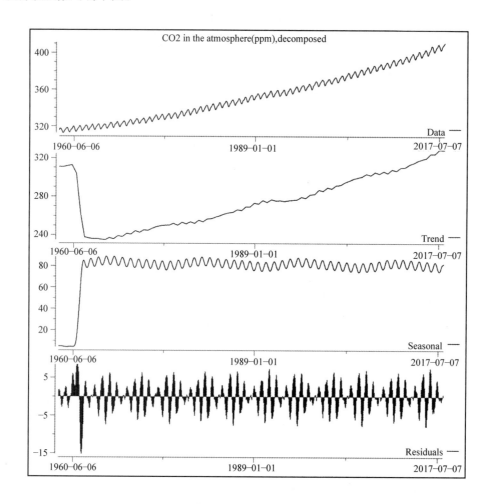

第一幅分图是原始数据，其次是提取的趋势和季节性数据，最后是残差。在趋势和季节性分图的起始阶段有一些特别，这完全是因为 github. com/chewxy/stl 库没有"回滚"造成的。因此，最好从至少下一个周期开始。

如何理解上图？由于这是一个加法模型，那么就很容易解释——Y 值表示大气中二氧化碳的含量，每个数据成分都对实际数据有贡献，所以第一幅分图实际上是其他各分图相加的结果。

4. 如何利用统计数据

值得注意的是，这些参数基本上控制了大气中二氧化碳含量属于各个部分的程度。但这些控制量是相当主观的。stl 包提供了多种控制如何分解时间序列的方法，我认为这应该由阅读本书的数据科学家或统计学家（即读者）来认真统计。

如果设置一个周期是 5 年，会有什么变化呢？其他保持不变，可以通过下列代码来观察：

```
lies := stl.Decompose(co2s, 60, 84, stl.Additive(), stl.WithIter(1))
dieIfErr(lies.Err)
plts2 := plotDecomposed(dates, lies)
writeToPng(plts2, "CO2 in the atmosphere (ppm), decomposed (Liar Edition)",
"lies.png", 25, 25)
```

所得结果如下图所示：

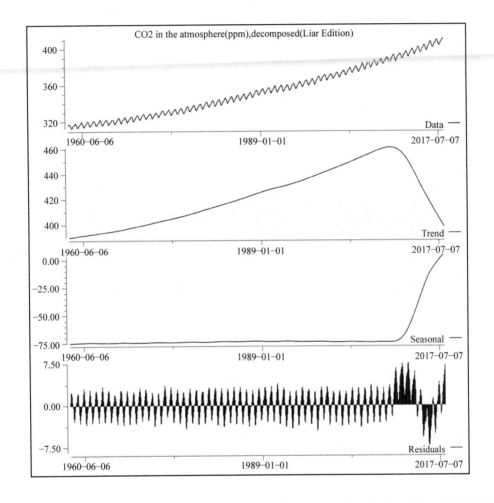

这时观察上图，重点是前两部分，我们会说："看！统计数据表明，尽管数据看起来呈上升趋势，但实际上却是下降趋势。哈希标签科学。"

当然可以这么认为。但相信这并不是真实情况。相反，希望你阅读本书的初衷是为了让环境变得更好。

但是设置正确的参数是比较困难的。建议先设置极值，然后再逐步改进。言外之意是需要大致了解 STL 算法的工作原理。一个已知的控制要素是迭代次数，默认值为 2。下面六幅图是原始的正确版本，分别经过 1、2、5、10、20 和 100 次迭代：

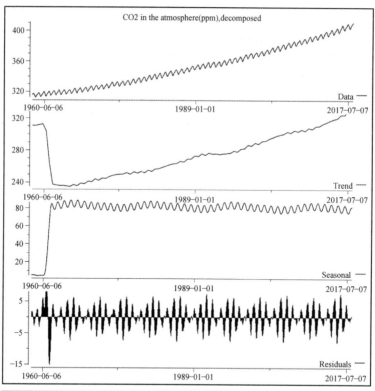

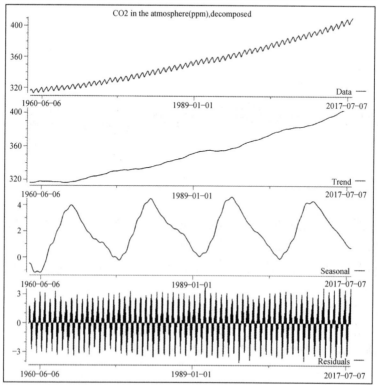

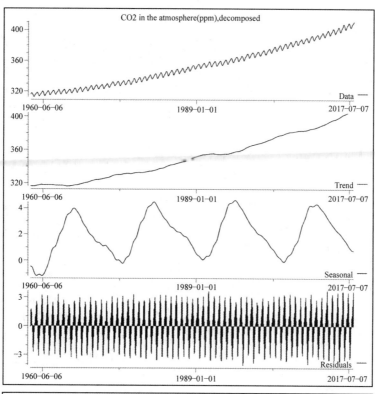

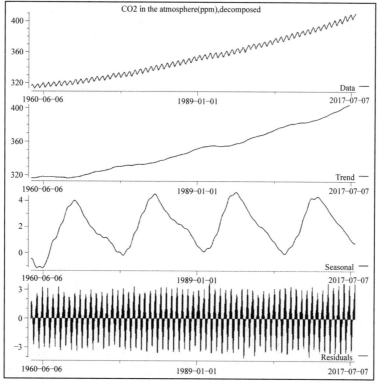

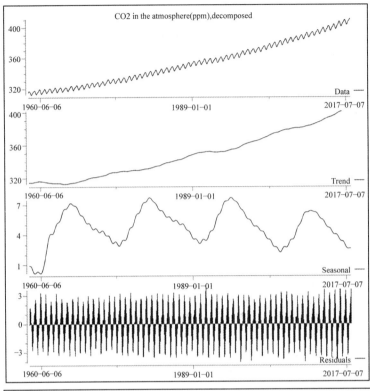

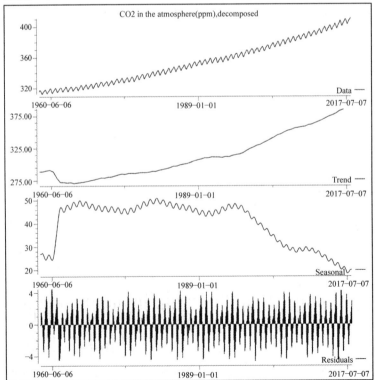

在迭代过程中，经过迭代平滑，季节性曲线中的锯齿状会消失。尽管如此，但趋势曲线仍保持不变。因此，在这种情况下，增加迭代次数只会将季节性贡献转移到趋势部分。这意味着趋势部分"信号"在某种程度上增大。

相反，如果运行"虚拟"版，会看到在前两次迭代中，趋势形状发生变化，在第 10 次迭代后，趋势形状却保持不变。这表明了什么是"真正"的趋势。

在 STL 算法中，真正需要控制的是季节性。在算法中明确周期是 12 个月，因此，需找到一个适合的季节性。如果在算法中设置一个周期是 5 年（60 个月），那么算法将会尽量找到一个符合该模式的季节性和趋势。

在此需要澄清的是，每 5 年发生一次季节性的概念并没有错。事实上，在多种季节性程度上进行商业相关的预测是很常见的。但要确定运行多少次迭代，这就需要经验和智慧。

> **TIP** 注意，需要检查数据单位！如果单位没有意义，就像在"虚拟"版的图中那样，那么可能是不真实的。

4.2.2 更多绘制内容

除了分析时间序列之外，本章的另一个主要内容是绘图。可能已注意到在上述 main 函数中的一些新函数。现在来进行深入分析。

首先从 stl. Decompose 的输出结果开始。结果定义如下：

```
type Result struct {
  Data []float64
  Trend []float64
  Seasonal []float64
  Resid []float64
  Err error
}
```

> **ⓘ** 该结果是没有时间概念的。假设在将数据传入 stl. Decompose 时，数据是按时间序列排序的。相应的结果也遵循这一概念。

之前已定义了 newTSPlot，该函数可以很好地处理数据、趋势和季节性，但不能处理残差。在此不想将残差绘制为折线图的原因是，如果处理得当，残差应该或多或少是随机的。若在折线图中添加随机点会使得图形比较混乱。

典型的残差图只是残差的散点图。然而，当压缩成多重图像时，这也会导致相对不易理解。

相反，在此为每个残差值绘制一条垂直直线。

综上所述，具体步骤如下：

1）为每个数据、趋势和季节性绘制一幅时间序列图。

2）为残差绘制一幅残差图。

3）将前面所有的图合并到一幅图中。

第 1 步很简单，只需调用 newTSPlot，其中针对每个部分都按之前所述的方式来解析日期。第 2 步有点棘手，默认情况下 Gonum 没有提供所需的残差图。

要绘制残差图，需要创建一个新的 plot. Plotter 接口。定义如下：

```
type residChart struct {
  plotter.XYs
  draw.LineStyle
}

func (r *residChart) Plot(c draw.Canvas, p *plot.Plot) {
  xmin, xmax, ymin, ymax := r.DataRange()
  p.Y.Min = ymin
  p.Y.Max = ymax
  p.X.Min = xmin
  p.X.Max = xmax

  trX, trY := p.Transforms(&c)
  zero := trY(0)
  lineStyle := r.LineStyle
  for _, xy := range r.XYs {
    x := trX(xy.X)
    y := trY(xy.Y)
    c.StrokeLine2(lineStyle, x, zero, x, y)
  }
}

func (r *residChart) DataRange() (xmin, xmax, ymin, ymax float64) {
  xmin = math.Inf(1)
  xmax = math.Inf(-1)
  ymin = math.Inf(1)
  ymax = math.Inf(-1)
  for _, xy := range r.XYs {
    xmin = math.Min(xmin, xy.X)
    xmax = math.Max(xmax, xy.X)
    ymin = math.Min(ymin, xy.Y)
    ymax = math.Max(ymax, xy.Y)
  }
  return
}
```

尽管 Gonum 没有提供所需的图类型，但由上述代码可知，自定义图类型并不需要太多行代码。这也是 Gonum 中 plot 库的一种强大功能，即足够抽象，可以自行编写所需的图类型，同时，还提供了所有必要的帮助函数，使其无需太多代码即可实现。

1. Gonum 绘图简介

在进一步讨论之前，有必要大致了解一下 Gonum 的绘图库。到目前为止，一直是以一种非常特殊的方式在使用 Gonum 的绘图库。目的是为了熟悉如何使用该绘图库。既然现在已大概熟悉了，那么是时候学习更多有关内部结构的知识，以便更好地进行绘图。

一个 *plot. Plot 对象包含了一个图的元数据。一幅图主要包括以下特征：

• 标题

- X 轴和 Y 轴
- 图例
- plot. Plotter 列表

plot. Plotter 接口可以将任何一个 * plot. Plot 对象绘制到 draw. Canvas 上，其定义如下：

```
type Plotter interface {
 Plot(draw.Canvas, *Plot)
}
```

通过将 plot 对象和绘图画布的概念分开，可为 Gonum 的绘图功能提供各种不同的绘图后端选项。要了解关于后端选项的含义，需要仔细分析 draw. Canvas。

draw. Canvas 是包含 vg. Canvas 和 vg. Rectangle 的一个元组。vg 究竟是什么？实际上，vg 就是表示矢量图形。在 vg 中，Canvas 类型被定义为具有一系列方法的接口。这就使得 vg 具有丰富多样的后端：

- vg/vgimg：这是目前为止一直在使用的主要软件包，作用是写入图像文件。
- vg/vgpdf：该软件包是用于写入 PDF 文件。
- vg/vgsvg：该软件包是用于写入 SVG 文件。
- vg/vgeps：该软件包是用于写入 EPS 文件。
- vg/vgtex：该软件包是用于写入 TEX 文件。

上述每个画布的实现都需要一个坐标系统，该坐标系统以左下角作为原点 (0, 0)。

2. 残差绘图程序

在本章后面部分将更深入地探讨画布系统。现在，先介绍适合于 plot. Plotter 接口的 Plot 方法。

最关键的是以下几行：

```
trX, trY := p.Transforms(&c)
zero := trY(0)
lineStyle := r.LineStyle
for _, xy := range r.XYs {
  x := trX(xy.X)
  y := trY(xy.Y)
  c.StrokeLine2(lineStyle, x, zero, x, y)
}
```

p. Transforms(&c) 可返回两个函数，将数据点的坐标转换为后端坐标。这样就不必考虑每个点的绝对位置。而是根据最终图像中的绝对位置进行处理。

在坐标转换函数之后，将循环遍历所得到的残差，并将每个残差转换到画布中的坐标 ($x:=$ trX(xy. X) 和 $y:=$ trY(xy. Y))。

最后，在画布中的两点 (x, 0) 和 (x, y) 之间绘制一条直线，即在 X 轴上自下而上画一条直线。

这样，就创建了所需的 plot. Plotter 接口，现在可以将其添加到 plot 对象中。但是直接添加到 * plot. Plot 对象还需要进行许多修改。下列函数封装了所有修改之处：

```go
func newResidPlot(xs []time.Time, ys []float64) *plot.Plot {
  p, err := plot.New()
  dieIfErr(err)
  xys := make(plotter.XYs, len(ys))
  for i := range ys {
    xys[i].X = float64(xs[i].Unix())
    xys[i].Y = ys[i]
  }
  r := &residChart{XYs: xys, LineStyle: plotter.DefaultLineStyle}
  r.LineStyle.Color = color.RGBA{A: 255}
  p.Add(r)
  p.Legend.Add("Residuals", r)

  p.Legend.TextStyle.Font = defaultFont
  p.X.Tick.Marker = plot.TimeTicks{Format: "2006-01-01"}
  p.Y.Label.TextStyle.Font = defaultFont
  p.X.Label.TextStyle.Font = defaultFont
  p.X.Tick.Label.Font = defaultFont
  p.Y.Tick.Label.Font = defaultFont
  p.Title.Font.Size = 16
  return p
}
```

该函数与 newTSPlot 相似——提供 X 和 Y 值，然后返回一个 * plot. Plot 对象，所有内容都经过样式和格式的合理设置。

可能还注意到，其中将 plotter 对象添加为图例。要想正确实现，针对 residChart 类型需要执行 plot. Thumbnailer。同样，也很简单：

```go
func (r *residChart) Thumbnail(c *draw.Canvas) {
  y := c.Center().Y
  c.StrokeLine2(r.LineStyle, c.Min.X, y, c.Max.X, y)
}
```

这时，你可能对 canvas 对象有些困惑。如果要在画布的 X 最小值和最大值之间画一条线，这难道不是在整个画布上绘制一条水平线吗？

答案是不会。回想一下，画布是在后端提供的，而 draw. Canvas 只是包含画布后端和矩形的一个元组？矩形实际上是只针对子集，并限制用于绘制图形的画布大小。

至此，已成功实现了所有绘图操作，现在着重考虑下一部分，将所有的图组合成一幅图像。

3. 组合图

实现组合的一个关键函数是 plot. Align 函数。为了体会实际效果，需设置一个允许将任意多幅图绘制在一个文件中的变量 a，如下所示：

```go
func writeToPng(a interface{}, title, filename string, width, height
vg.Length) {
  switch at := a.(type) {
  case *plot.Plot:
    dieIfErr(at.Save(width*vg.Centimeter, height*vg.Centimeter, filename))
    return
  case [][]*plot.Plot:
    rows := len(at)
```

```
      cols := len(at[0])
      t := draw.Tiles{
        Rows: rows,
        Cols: cols,
      }
      img := vgimg.New(width*vg.Centimeter, height*vg.Centimeter)
      dc := draw.New(img)

      if title != "" {
        at[0][0].Title.Text = title
      }

      canvases := plot.Align(at, t, dc)
      for i := 0; i < t.Rows; i++ {
        for j := 0; j < t.Cols; j++ {
          at[i][j].Draw(canvases[i][j])
        }
      }

      w, err := os.Create(filename)
      dieIfErr(err)

      png := vgimg.PngCanvas{Canvas: img}
      _, err = png.WriteTo(w)
      dieIfErr(err)
      return

    }
  panic("Unreachable")
}
```

如果 a 是 plot. Plot，则跳过这部分，只需直接调用 . Save 方法。在此，重点分析第二种情况，这时 a 是 [ ] [ ]* plot. Plot。

一开始，这可能有点难以理解——为什么在将这些图快速组合时需要一组图呢？理解这一点的关键在于，Gonum 可支持图的平铺，因此如果要以 2×2 的方式排列四幅图，那么这可以实现。在一行中有四幅图只是 4×1 布局的一种特殊情况。

在此可以使用一个函数来排列布局，具体如下：

```
func plotDecomposed(xs []time.Time, a stl.Result) [][]*plot.Plot {
  plots := make([][]*plot.Plot, 4)
  plots[0] = []*plot.Plot{newTSPlot(xs, a.Data, "Data")}
  plots[1] = []*plot.Plot{newTSPlot(xs, a.Trend, "Trend")}
  plots[2] = []*plot.Plot{newTSPlot(xs, a.Seasonal, "Seasonal")}
  plots[3] = []*plot.Plot{newResidPlot(xs, a.Resid, "Residuals")}

  return plots
}
```

在获取 [ ] [ ]* plot. Plot 后，需要在 Gonum 中设置希望的平铺格式，为此在下面的代码段中定义了平铺格式：

```
    t := draw.Tiles{
        Rows: rows,
        Cols: cols,
    }
```

如果执行上述代码，就会发现 rows 为 3，cols 为 1。

接下来，还需提供一个画布来进行绘制：

```
img := vgimg.New(width*vg.Centimeter, height*vg.Centimeter)
dc := draw.New(img)
```

在这里，使用了 vgimg 后端，因为想要写入 PNG 图像。例如，如果要设置图像的 DPI，可以执行 vgimg. NewWith ，并输入 DPI 选项。

dc 是初始化为大画布 img 的 draw. Canvas。现在，关键时刻到了，canvases : = plot. Align（at, t, dc）实际上是将大画布（img）分割成众多小画布——当然仍是大画布的一部分，只不过现在每个 *plot. Plot 对象都分配了一个较小画布，其中，每个小画布都具有相对于大画布的各自坐标系统。

下列代码只是将这些图绘制到各自的小画布上：

```
for i := 0; i < t.Rows; i++ {
  for j := 0; j < t.Cols; j++ {
    at[i][j].Draw(canvases[i][j])
  }
}
```

当然，这个过程可以递归地重复。*plot. Plot 中的图例对象只占用画布的一小块，从最小 X 到最大 X 绘制一条直线只是在整个小画布上绘制一条水平线。

上述过程就是绘制图的具体方法。

4.3　预测

在此采用 STL 算法来分解一个时间序列。还有其他一些分解时间序列的方法，你可能熟悉其中一种：离散傅里叶变换。如果数据是基于时间的信号（如电脉冲或音乐），那么傅里叶变换本质上允许将时间序列分解为不同的部分。切记，这不再是分解为季节性和趋势，而是不同时域和频域的分解。

这就引出了一个问题：分解时间序列的意义是什么？

进行机器学习的主要原因是能够根据输入去预测值。若在时间序列上执行此操作，就称为预测。

稍加考虑一下：如果一个时间序列由多个部分组成，那么能够预测每个部分是不是更好？如果能将时间序列分解成其组成部分，无论是通过 STL 还是傅里叶变换，那么通过预测每个部分，最后重新组合数据，就会得到更好的结果。

通过应用 STL 算法，已经完成了时间序列的分解。Holt 于 1957 年提出了一种非常简单的指数平滑算法，该算法可允许利用趋势和季节性分量，以及原始数据来进行预测。

Holt – Winters

本节将介绍一种改进的 Holt – Winters 指数平滑算法，这对预测非常有用。Holt – Winters 是一种相当简单的算法。具体如下：

```
func hw(a stl.Result, periodicity, forward int, alpha, beta, gamma float64)
[]float64 {
  level := make([]float64, len(a.Data))
  trend := make([]float64, len(a.Trend))
  seasonal := make([]float64, len(a.Seasonal))
```

```
forecast := make([]float64, len(a.Data)+forward)
copy(seasonal, a.Seasonal)

for i := range a.Data {
  if i == 0 {
    continue
  }
  level[i] = alpha*a.Data[i] + (1-alpha)*(level[i-1]+trend[i-1])
  trend[i] = beta*(level[i]-level[i-1]) + (1-beta)*(trend[i-1])
  if i-periodicity < 0 {
    continue
  }
  seasonal[i] = gamma*(a.Data[i]-level[i-1]-trend[i-1]) + (1-
gamma)*(seasonal[i-periodicity])
}

hplus := ((periodicity - 1) % forward) + 1
for i := 0; i+forward < len(forecast); i++ {
  forecast[i+forward] = level[i] + float64(forward)*trend[i] +
seasonal[i-periodicity+hplus]
}
copy(forecast, a.Data)

return forecast
}
```

调用也很容易。最后会得到一个时间序列和一些额外周期。因此，在调用 newTSPlot 之前，还需要扩展日期范围。同样，这也是一个非常简单的问题：

```
func forecastTime(dates []time.Time, forwards int) []time.Time {
  retVal := append(dates, make([]time.Time, forwards)...)
  lastDate := dates[len(dates)-1]
  for i := len(dates); i < len(retVal); i++ {
    retVal[i] = lastDate.AddDate(0, 1, 0)
    lastDate = retVal[i]
  }
  return retVal
}
```

理想情况下，还需要绘制一个灰色背景，表明该区域中的值是预测值。综上，代码如下：

```
fwd := 120
forecast := hw(decomposed, 12, fwd, 0.1, 0.05, 0.1)
datesplus := forecastTime(dates, fwd)
forecastPlot := newTSPlot(datesplus, forecast, "")
maxY := math.Inf(-1)
minY := math.Inf(1)
for i := range forecast {
  if forecast[i] > maxY {
    maxY = forecast[i]
  }
  if forecast[i] < minY {
    minY = forecast[i]
  }
}
```

```
// 稍微扩展日期范围
minY--
maxY++
maxX := float64(datesplus[len(datesplus)-1].Unix())
minX := float64(datesplus[len(dates)-1].Unix())

shadePoly := plotter.XYs{
  {X: minX, Y: minY},
  {X: maxX, Y: minY},
  {X: maxX, Y: maxY},
  {X: minX, Y: maxY},
}
poly, err := plotter.NewPolygon(shadePoly)
dieIfErr(err)
poly.Color = color.RGBA{A: 16}
poly.LineStyle.Color = color.RGBA{}
forecastPlot.Add(poly)

  writeToPng(forecastPlot, "Forecasted CO2 levels\n(10 years)",
"forecast.png", 25, 25)
```

最终将生成下图：

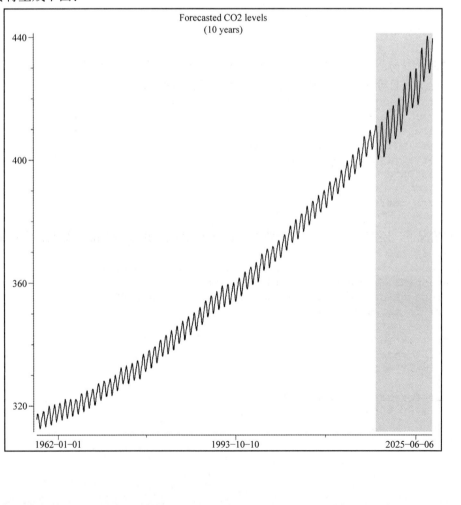

如果照此发展下去，可以预计在未来 10 年内二氧化碳含量还将会上升。当然，如果现在采取措施，可能会下降。

4.4 小结

本章很难写。毫不夸张地说，本章所讨论的项目背景对于人类发展存在着严峻考验。一般来说，实际科学中使用的方法要比本章中所介绍的方法复杂得多。

本章所介绍的技术只是时间序列分析这一统计领域中的一小部分，甚至还没有涉及相关组合技术的皮毛。

参 考 文 献

- [0] *Hershfield, Hal. (2011). Future self-continuity*: How conceptions of the future self transform intertemporal choice. Annals of the New York Academy of Sciences. 1235. 30-43. 10.1111/j.1749-6632.2011.06201.x.
- [1] *Qin, P. and Northoff, G. (2011)*: How is our self related to midline regions and the default-mode network?. NeuroImage, 57(3), pp.1221-1233.

第 5 章
通过聚类整理个人推特
账户的时间线

我经常使用推特（Twitter）。主要是在休息时间发推特和阅读推特。在推特上关注了许多有类似兴趣的人，其中包括机器学习、人工智能、Go 语言、语言学和编程语言。这些人不仅与我有着共同兴趣，他们彼此也有共同兴趣。因此，有的时候，很多人可能会在推特上谈论同一个话题。

通过经常使用推特这一事实可以看出，我对新鲜事物很感兴趣。喜欢一切新事物。如果对不同观点感兴趣的话，那么多人在推特上讨论同一话题非常棒，只不过我不喜欢这样使用推特。我使用推特来总结一些热门话题。发生了事件 X、Y、Z。只需要知道发生这些事件就足够了。对于大多数话题而言，深入了解具体细节并学习它们的细节并没有任何好处，而且 140 个字符数对于细致了解也显得不多。因此，一个简单概述就足以保证我所掌握的一些常识能与其他人保持一致。

因此，当很多人在推特上谈论同一个话题时，新闻推送就会不断重复该话题。这很令人讨厌。如果相反，只会针对每个主题的一个实例进行推送会怎样呢？我认为阅读推特的习惯是在会话中养成的。每个会话通常是 5 分钟。每次只看大约 100 条推文。如果在所阅读的 100 条推文中，30% 的关注者在一些主题上有重叠，那么实际上只阅读了 30 条真正有实际意义的推文。这一点都没有效率！效率意味着能够在每个会话中涵盖更多的主题。

那么，该如何提高阅读推文的效率呢？当然要删除涉及同一主题的推文！其次是选择最能概括主题的推文，但这是另一个主题。

5.1 项目背景

本项目的目的是将推特上的推文聚类。在此将采用两种不同的聚类技术，分别是 K 均值和 DBSCAN。在本章中，将用到在第 2 章中介绍的一些技能。另外，还将使用与第 2 章相同的库。除此之外，还将使用 mpraski 聚类库。

在项目完成后，将能够清理推特上的任何推文集合，并将其进行分组。实现目标的主体代码非常简单，总共大约只有 150 行代码。其余代码是用于获取和预处理数据。

5.2 K 均值

K 均值是一种数据聚类方法。问题的提出是，给定一个包含 N 项的数据集，希望将数据划分为 K 组。如何实现？

在此通过侧栏来讨论坐标世界。不要担心！这非常形象。

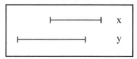

哪条线更长？是如何判断的？

能够判断哪条线更长是因为可以测量每条线的长度。现在，换一种形式：

能够判断哪条线更长是因为可以测量每条线的长度。现在，换一种形式：

哪个点离 X 最近？是如何判断的？

同理，能够判断是由于可测量点与点之间的距离，那么现在，最后一个测试是

考虑下列点之间的距离：

- A 到 X
- A 到 Y
- A 到 Z
- B 到 X
- B 到 Y
- B 到 Z
- C 到 X
- C 到 Y
- C 到 Z

A 到 X 、B 到 X 、C 到 X 之间的平均距离是多少？A 到 Y、B 到 Y、C 到 Y 之间的平均距离是多少？A 到 Z、B 到 Z、C 到 Z 之间的平均距离又是多少？

如果必须在 X、Y 和 Z 中选择一个点来表示 A、B、C，会选择哪个？

恭喜！其实刚才完成了一个非常简单的简化版 K 均值聚类。具体来说，是设立了一个变量 k，初始值为 1。如果必须在 X、Y 和 Z 之间取两点，那么 k = 2。因此，一个聚类就是使得组内平均距离最小的一组点。

这有点拗口，但是可以回想一下刚才的步骤。现在，不只有三个点 A、B、C，而是有很多点。而且未给定 X、Y、Z 点，必须自行生成 X、Y、Z 点。然后，需找到使得 X、Y、Z 中每一个可能点之间的距离最小的组。

简而言之，这就是 K 均值。该方法容易理解，但实现较为复杂。K 均值是一个 NP – hard 问题，不可能在多项式时间内求解。

5.3　DBSCAN

DBSCAN 继承了数据可表示为多维点的思想。同样，以二维情况为例，DBSCAN 的实现步骤大致如下：

1）选择一个之前没有访问过的点。

2）以该点为中心画一个圆。其半径是 ε。

3）计数有多少个点位于圆内。如果有多个指定的阈值，将所有点标记为同一聚类。

4）对该聚类中的每个点递归执行相同操作，从而可扩大聚类。

5）重复上述步骤。

在此强烈建议先在纸上按照上述步骤画出来。首先绘制随机点，用铅笔在纸上画圆。这样将直观体会 DBSCAN 的工作原理。这幅图能够展现对 DBSCAN 工作方式的直观理解。这种直觉非常有用。

5.4　数据采集

在上述练习中，要求观察这些点并计算出距离。这提示了需要如何考虑数据。在此需要将数据想象成某个虚拟坐标空间中的坐标。现在的数据不仅仅是二维的了，因为这是文本信息。相反，是多维数据。由此给出一些提示：数据应该是什么样子的——是在任意大的 N 维空间中表征坐标的数字。

不过首先需要获取数据。

为了从推送中获取推文，在此将使用 Aditya Mukherjee 提供的优秀 Anaconda 库。安装该库，只需运行 `go get -u github.com/ChimeraCoder/Anaconda`。

当然，不能随便从推特上获取数据。需要通过推特 API 来获取数据。推特 API 的相关文档是最好的入门资料：`https://developer.twitter.com/en/docs/basics/getting-started`。

如果还没有推特开发者账户的话，首先需要在 `https://developer.twitter.com/en/apply/user` 上申请一个。这个过程相当漫长，需要经开发人员账户的人工批准。不过，开发本项目并不需要开发人员访问权限。我刚开始以为可以访问推特 API，但是结果并未获得权限。好消息是推特 API 文档页面确实提供了足够的示例，以便开发必要的数据结构。

需要关注的具体端点位于：`https://developer.twitter.com/en/docs/tweets/timelines/api-reference/get-statuses-home_timeline.html`。

5.5　探索性数据分析

首先分析从推特 API 端点获取的 JSON。一个推文的形式如下所示（来自推特 API 文档示例）：

```
{
"coordinates": null,
"truncated": false,
"created_at": "Tue Aug 28 19:59:34 +0000 2012",
"favorited": false,
"id_str": "240539141056638977",
"in_reply_to_user_id_str": null,
"entities": {
"urls": [
],

"hashtags":
],
"user_mentions": [
]
},
"text": "You'd be right more often if you thought you were wrong.",
"contributors": null,
"id": 240539141056638977,
"retweet_count": 1,
"in_reply_to_status_id_str": null,
"geo": null,
"retweeted": false,
"in_reply_to_user_id": null,
"place": null,
"source": "web",
"user": {
"name": "Taylor Singletary",
"profile_sidebar_fill_color": "FBFBFB",
"profile_background_tile": true,
"profile_sidebar_border_color": "000000",
"profile_image_url":
"http://a0.twimg.com/profile_images/2546730059/f6a8zq58mg1hn0ha8vie_normal.
jpeg",
"created_at": "Wed Mar 07 22:23:19 +0000 2007",
"location": "San Francisco, CA",
"follow_request_sent": false,
"id_str": "819797",
"is_translator": false,
"profile_link_color": "c71818",
"entities": {
"url": {
"urls": [
{
"expanded_url": "http://www.rebelmouse.com/episod/",
"url": "http://t.co/Lxw7upbN",
"indices": [
0,
20
],
"display_url": "rebelmouse.com/episod/"
}
]
},
```

```
  "description": {
  "urls": [
]
  }
  }.
 "default_profile": false,
 "url": "http://t.co/Lxw7upbN",
 "contributors_enabled": false,
 "favourites_count": 15990,
 "utc_offset": -28800,
 "profile_image_url_https":
"https://si0.twimg.com/profile_images/2546730059/f6a8zq58mg1hn0ha8vie_norma
l.jpeg",
 "id": 819797,
 "listed_count": 340,
 "profile_use_background_image": true,
 "profile_text_color": "D20909",
 "followers_count": 7126,
 "lang": "en",
 "protected": false,
 "geo_enabled": true,
 "notifications": false,
 "description": "Reality Technician, Twitter API team, synthesizer
enthusiast; a most excellent adventure in timelines. I know it's hard to
believe in something you can't see.",
 "profile_background_color": "000000",
 "verified": false,
 "time_zone": "Pacific Time (US & Canada)",
 "profile_background_image_url_https":
"https://si0.twimg.com/profile_background_images/643655842/hzfv12wini4q60zz
rthg.png",
 "statuses_count": 18076,
 "profile_background_image_url":
"http://a0.twimg.com/profile_background_images/643655842/hzfv12wini4q60zzrt
hg.png",
 "default_profile_image": false,
 "friends_count": 5444,
 "following": true,
 "show_all_inline_media": true,
 "screen_name": "episod"
 },
 "in_reply_to_screen_name": null,
 "in_reply_to_status_id": null
 }
```

在下列数据结构中表示每个推文：

```
type processedTweet struct {
anaconda.Tweet
// 后处理内容
ids []int // to implement Document
```

```
textVec []float64
normTextVec []float64
location []float64
isRT bool
}
```

注意，在此嵌入了 anaconda. Tweet，其在 anaconda 软件包中的形式如下所示：

```
type Tweet struct {
Contributors []int64  json:"contributors"`
Coordinates *Coordinates `json:"coordinates"`
CreatedAt string `json:"created_at"`
DisplayTextRange []int `json:"display_text_range"`
Entities Entities `json:"entities"`
ExtendedEntities Entities `json:"extended_entities"`
ExtendedTweet ExtendedTweet `json:"extended_tweet"`
FavoriteCount int `json:"favorite_count"`
Favorited bool `json:"favorited"`
FilterLevel string `json:"filter_level"`
FullText string `json:"full_text"`
HasExtendedProfile bool `json:"has_extended_profile"`
Id int64 `json:"id"`
IdStr string `json:"id_str"`
InReplyToScreenName string `json:"in_reply_to_screen_name"`
InReplyToStatusID int64 `json:"in_reply_to_status_id"`
InReplyToStatusIdStr string `json:"in_reply_to_status_id_str"`
InReplyToUserID int64 `json:"in_reply_to_user_id"`
InReplyToUserIdStr string `json:"in_reply_to_user_id_str"`
IsTranslationEnabled bool `json:"is_translation_enabled"`
Lang string `json:"lang"`
Place Place `json:"place"`
QuotedStatusID int64 `json:"quoted_status_id"`
QuotedStatusIdStr string `json:"quoted_status_id_str"`
QuotedStatus *Tweet `json:"quoted_status"`
PossiblySensitive bool `json:"possibly_sensitive"`
PossiblySensitiveAppealable bool `json:"possibly_sensitive_appealable"`
RetweetCount int `json:"retweet_count"`
Retweeted bool `json:"retweeted"`
RetweetedStatus *Tweet `json:"retweeted_status"`
Source string `json:"source"`
Scopes map[string]interface{} `json:"scopes"`
Text string `json:"text"`
User User `json:"user"`
WithheldCopyright bool `json:"withheld_copyright"`
WithheldInCountries []string `json:"withheld_in_countries"`
WithheldScope string `json:"withheld_scope"`
}
```

为了编制程序，在此使用推特所提供的示例推文。将示例响应保存到名为 example. json
的文件中，然后创建一个 mock 函数来模拟调用 API：

```
func mock() []*processedTweet {
f, err := os.Open("example.json")
dieIfErr(err)
return load(f)
}
func load(r io.Reader) (retVal []*processedTweet) {
dec := json.NewDecoder(r)
dieIfErr(dec.Decode(&retVal))
return retVal
}
```

其中，效用函数 dieIfErr 通常定义如下：

```
func dieIfErr(err error) {
if err != nil {
log.Fatal(err)
}
}
```

值得注意的是，在 mock 函数中，没有对推特进行 API 调用。之后，将用类似的 API 创建一个函数，以实现用从 API 获取时间线的实际函数来替换该模拟函数。

现在，可通过以下程序测试是否有效：

```
func main(){
tweets := mock()
for _, tweet := range tweets {
fmt.Printf("%q\n", tweet.FullText)
}
}
```

得到的输出结果如下：

```
$ go run *.go
"just another test"
"lecturing at the \"analyzing big data with twitter\" class at @cal with
@othman http://t.co/bfj7zkDJ"
"You'd be right more often if you thought you were wrong."
```

5.6 数据信息

当测试数据结构是否合理时，输出了 FullText 字段。在此希望基于推文内容进行聚类。因此重点在于推文内容。这可以在结构体中的 FullText 字段得到。在本章的后面部分，将介绍如何使用推文的元数据（如位置）来帮助更好地对推文进行聚类。

正如前几节所述，每个推文都需要在更高维度空间中表示为一个坐标。因此，目标是在一条时间线上对所有推文进行预处理，这样可得到下列输出表：

Tweet ID	twitter	test	right	wrong
1	0	1	0	0
2	1	0	0	0
3	0	0	1	1

其中的每一行代表一条推文，根据推文 ID 号进行索引。后面的列是推文中包含的单词，根据其标题进行索引。所以，在第一行中，test 出现在推文中，而没有 twitter、right 与 wrong。第一行中的数字切片［0 1 0 0］是聚类算法所需的输入。

当然，用二进制数字来表示在推文中出现的单词并不是最佳方式。如果用该词的相对重要性来代替，那就更好了。在此利用在第 2 章中介绍的 TF‐IDF 来实现。当然，还有一些更先进的方法，如单词嵌入技术。但会发现，TF‐IDF 这样的简单方法同样表现出色。

到目前为止，应该较为熟悉上述处理过程了，但希望将文本表示为数字切片，而不是字节切片。为此，需要通过某种字典将文本中的单词转换成 ID。这样才可以构建表格。

同样，与第 2 章中一样，采用一种简单的标记化技术策略来处理该问题。更先进的标记化方法当然好，但对于本例项目并不是必需的。相反，还是仍然采用 strings. Field。

5.6.1　处理器

在明确需求之后，可以将其组合成一个包含所需信息的单一数据结构。处理器中的数据结构形式如下：

```
type processor struct {
tfidf *tfidf.TFIDF
corpus *corpus.Corpus
locations map[string]int
t transform.Transformer
locCount int
}
```

在此，忽略 locations 字段。主要分析元数据在聚类中的作用。

为创建一个新的 processor，定义以下函数：

```
func newProcessor() *processor {
c, err := corpus.Construct(corpus.WithWords([]string{mention, hashtag,
retweet, url}))
dieIfErr(err)
return &processor{
tfidf: tfidf.New(),
corpus: c,
locations: make(map[string]int),
}
}
```

其中，可知一些重要信息。语料库是由一些特殊字符串 mention 、hashtag、retweet 和 url 构成。这些字符串分别定义如下：

```
const (
mention = "<@MENTION>"
hashtag = "<#HASHTAG>"
retweet = "<RETWEET>"
url = "<URL>"
)
```

这里的一些设计是出于历史原因。很久以前，在推特支持转发（retweets）操作之前，都是通过预先设置 RT 来手动转发推文。如果要分析很久之前的数据（在本章中不会讨论），那么还必须了解推特的设计历史。因此，必须这么设计。

但利用特定关键词构建语料库有着特殊含义。这意味着，在将推文文本转换为一组 ID 和数字时，提及（mentions）、哈希标签（hashtags）、转发（retweets）和网址（URLs）都视为相同的内容。这表明并不真正关心 URL 是什么，或者提到了谁。然而，在涉及哈希标签时，情况就有所不同了。

哈希标签通常用于表示推文的主题，例如#MeToo 或#TimesUp 等主题。哈希标签中含有一些信息。将所有哈希标签压缩到一个 ID 中可能没有什么作用。这是在稍后示例中需要注意的一点。

综上所述，接下来介绍如何处理* processedTweet 列表。随着本章内容的不断深入，将重新审视和修改这一函数：

```
func (p *processor) process(a []*processedTweet) {
for _, tt := range a {
for _, word := range strings.Fields(tt.FullText) {
wordID, ok := p.single(word)
if ok {
tt.ids = append(tt.ids, wordID)
}
if isRT(word) {
tt.isRT = true
}
}
p.tfidf.Add(tt)
}
p.tfidf.CalculateIDF()
// 计算得分
for _, tt := range a {
tt.textVec = p.tfidf.Score(tt)
}
// 归一化文本向量
size := p.corpus.Size()
for _, tt := range a {
tt.normTextVec = make([]float64, size)
for i := range tt.ids {
tt.normTextVec[tt.ids[i]] = tt.textVec[i]
}
}
}
```

现在逐行分析上述函数。

首先对所有* processedTweets 排序。a 是［ ］* processedTweet 有着充分理由——因为我们希望在运行过程中可以修改结构体。如果参数 a 是［ ］processedTweet，则要么分配更多内存，要么需要复杂的修改方案。

每条推文都是由 FullText 组成。我们希望从文本中提取每个单词，然后给每个单词赋予一个专属 ID。为此，需执行下列循环：

```
for _, word := range strings.Fields(tt.FullText) {
wordID, ok := p.single(word)
if ok {
tt.ids = append(tt.ids, wordID)
}
}
```

5.6.2 单字预处理

p. single 函数用于处理一个单词。该函数返回单词的 ID，以及确定是否将其添加到组成推文的单词列表中。函数定义如下：

```
func (p *processor) single(a string) (wordID int, ok bool) {
word := strings.ToLower(a)
if _, ok = stopwords[word]; ok {
return -1, false
}
if strings.HasPrefix(word, "#") {
return p.corpus.Add(hashtag), true
}
if strings.HasPrefix(word, "@") {
return p.corpus.Add(mention), true
}
if strings.HasPrefix(word, "http://") {
return p.corpus.Add(url), true
}
if isRT(word) {
return p.corpus.Add(retweet), false
}
return p.corpus.Add(word), true
}
```

首先将所有字母变成小写。这样就使得诸如 café 和 Café 这样的词等效。

以 café 为例，如果两条推文都提到了 café 一词，但是一个用户写为 café，另一个用户写成 cafe，会是什么情况呢？当然，两者都是指同一件事。因此需要执行某种标准化形式来表明这是相同的。

1. 字符串标准化

首先，单词应标准化为 NFKC 形式。在第 2 章中已介绍过标准化问题，但要说明的是 LingSpam 基本上提供的都是标准化数据集。在现实生活中，推特中的数据通常都是不规范的。因此，需要在一个合理标准的基础上进行数据对比。

为了说明这一点，编写了一个辅助程序：

```
package main
import (
"fmt"
"unicode"
"golang.org/x/text/transform"
"golang.org/x/text/unicode/norm"
```

```
)
func isMn(r rune) bool { return unicode.Is(unicode.Mn, r) }
func main() {
 str1 := "cafe"
 str2 := "café"
 str3 := "cafe\u0301"
 fmt.Println(str1 == str2)
 fmt.Println(str2 == str3)
t := transform.Chain(norm.NFD, transform.RemoveFunc(isMn), norm.NFKC)
 str1a, _, _ := transform.String(t, str1)
 str2a, _, _ := transform.String(t, str2)
 str3a, _, _ := transform.String(t, str3)
fmt.Println(str1a == str2a)
 fmt.Println(str2a == str3a)
 }
```

需要注意的是，café 一词至少有三种写法，意思都是指咖啡馆。对比上述前两个单词 cafe 和 café，显然不一样。但含义相同，所以比较值应返回为 true。

要实现上述操作，需要将所有文本转换为同一种格式，然后再进行比较。为此，需要定义一个转换函数：

```
t := transform.Chain(norm.NFD, transform.RemoveFunc(isMn), norm.NFKC)
```

该转换函数实际上是一系列文本转换程序，依次执行。

首先，将所有文本都转换为分解形式（NFD）。这样就将 café 变成 cafe \ u0301。

然后，删除所有非空格标记。这样 cafe \ u0301 就变为 cafe。这是在 isMn 函数中完成该去除功能的，函数定义如下：

```
func isMn(r rune) bool { return unicode.Is(unicode.Mn, r) }
```

最后，将所有内容转换为 NFKC 格式，以实现最大兼容性并节省空间。这时，这三个字符串就相互等效了。

注意，这种比较是在一个假设条件下进行的：用于比较的语言是英语。café 在法语中既指咖啡馆，也可指咖啡。这种去除发音符号的标准化方法并不会改变单词的含义。在处理多种语言时，需要更加小心地对单词进行标准化处理。但对于本例项目而言，这种假设没有任何问题。

根据上述内容，需要更新 processor 类型：

```
type processor struct {
tfidf *tfidf.TFIDF
corpus *corpus.Corpus
transformer transformer.Transformer
locations map[string]int
locCount int
 }
func newProcessor() *processor {
 c, err := corpus.Construct(corpus.WithWords([]string{mention, hashtag,
retweet, url}))
```

```
    dieIfErr(err)
  t := transform.Chain(norm.NFD, transform.RemoveFunc(isMn), norm.NFKC)
  return &processor{
  tfidf: tfidf.New(),
  corpus: c,
  transformer: t,
  locations: make(map[string]int),
  }
  }
```

p. single 函数中的第一行也需要更改，从下列语句开始：

```
  func (p *processor) single(a string) (wordID int, ok bool) {
  word := strings.ToLower(a)
```

改为

```
  func (p *processor) single(a string) (wordID int, ok bool) {
  word, _, err := transform.String(p.transformer, a)
  dieIfErr(err)
  word = strings.ToLower(word)
```

如果觉得比较麻烦，可以尝试将 strings.ToLower 改为 transform.Transformer。这可能比想象的要难，但也不像看上去那么难。

2. 停用词预处理

有关标准化的问题已讨论完毕。现在分析停用词问题。

回顾在第 2 章中的停用词是诸如 the、there、from 的词汇。这些都是连接词，对于理解语句的特定上下文很有用，但对于一个简单的统计分析而言，通常只会增加干扰。因此，需要进行删除。

停用词的检查非常简单。如果一个单词与停用词匹配，则将返回 false，以决定是否将该单词 ID 添加到语句中：

```
  if _, ok = stopwords[word]; ok {
  return -1, false
  }
```

停用词列表如何确定？很简单，只是将停用词写入 stopwords.go 中：

```
const sw = `a about above across after afterwards again against all almost
alone along already also although always am among amongst amoungst amount
an and another any anyhow anyone anything anyway anywhere are around as at
back be became because become becomes becoming been before beforehand
behind being below beside besides between beyond bill both bottom but by
call can cannot can't cant co co. computer con could couldnt couldn't cry
de describe detail did didn didn't didnt do does doesn doesn't doesnt doing
don done down due during each eg e.g eight either eleven else elsewhere
empty enough etc even ever every everyone everything everywhere except few
fifteen fify fill find fire first five for former formerly forty found four
from front full further get give go had has hasnt hasn't hasn have he hence
her here hereafter hereby herein hereupon hers herself him himself his how
however hundred i ie i.e. if in inc indeed interest into is it its itself
just keep kg km last latter latterly least less ltd made make many may me
meanwhile might mill mine more moreover most mostly move much must my
```

```
myself name namely neither never nevertheless next nine no nobody none
noone nor not nothing now nowhere of off often on once one only onto or
other others otherwise our ours ourselves out over own part per perhaps
please put quite rather re really regarding same say see seem seemed
seeming seems serious several she should show side since sincere six sixty
so some somehow someone something sometime sometimes somewhere still such
system take ten than that the their them themselves then thence there
thereafter thereby therefore therein thereupon these they thick thin third
this those though three through throughout thru thus to together too top
toward towards twelve twenty two un under unless until up upon us used
using various very via was we well were what whatever when whence whenever
where whereafter whereas whereby wherein whereupon wherever whether which
while whither who whoever whole whom whose why will with within without
would yet you your yours yourself yourselves`

var stopwords = make(map[string]struct{})
func init() {
 for _, s := range strings.Split(sw, " ") {
 stopwords[s] = struct{}{}
 }
 }
```

这就是停用词列表！如果一条推文的内容是 an apple a day keeps doctor away，那么 apple、day、doctor 和 away 这四个单词具有 ID。

停用词列表是从 lingo 包中的列表改编而来的。lingo 包中的停用词列表是用于词干提取后的单词。由于在此没有进行词干提取，因此有些单词是手动添加的。虽然这一举措并不完美，但对于本例项目来说已经足够了。

3. 推特实体预处理

删除停用词之后，就该处理特殊的推特实体了：

```
if strings.HasPrefix(word, "#") {
return p.corpus.Add(hashtag), true
}
if strings.HasPrefix(word, "@") {
return p.corpus.Add(mention), true
}
if strings.HasPrefix(word, "http://") {
return p.corpus.Add(url), true
}
```

这非常简单。

如果某个单词以#开头，那么就是一个哈希标签。随后还会提到，现在最好先记住这一点。

任何以@开头的单词都是提及（mention）。这有点棘手。有时，会在推特上发布诸如 I am @ PlaceName 之类的信息，来表示某个位置，而不是提到某个用户（实际上，会发现@ PlaceName并不存在）。或者，可能会在推特上发一些诸如 I am @ PlaceName 之类的信息。在这种情况下，单独的一个@仍看作一个提及。不过发现对于前者（@ PlaceName）来说，Placename 是否被看作提及并不重要。推特的 API 确实会返回一个提及列表，以供检查。但对于个人时间线来说，这是不必要的多此一举。因此，可以将检查 API 中的提及列表看作是

102

一个额外的信用工程。

当然，不会懒到把所有工作都留给该信用工程。可以进行一些简单的检查——如果@是独立的，那么就不应将其当作一个提及。这应该看作是 at。

现在，检查 URL。`if strings.HasPrefix(word, "http://")`是用来检查 http：//前缀的。这种处理方式并不是很好。因为这没有考虑到 https 模式的 URL。

现在，已知该如何修改这段代码。具体如下：

```
switch {
case strings.HasPrefix(word, "#"):
return p.corpus.Add(hashtag), true
case strings.HasPrefix(word, "@"):
if len(word) == 0 {
return p.corpus.Add("at"), true
}
return p.corpus.Add(mention), true
case strings.HasPrefix(word, "http"):
return p.corpus.Add(url), true
}
```

最后，添加最后一行代码来处理在推特支持转发推文之前的早期推文：

```
if word == "rt" {
return p.corpus.Add(retweet), false
}
```

5.6.3 单条推特处理

考虑以下代码段：

```
for _, tt := range a {
for _, word := range strings.Fields(tt.FullText) {
wordID, ok := p.single(word)
if ok {
tt.ids = append(tt.ids, wordID)
}
if word == "rt" {
tt.isRT = true
}
}
p.tfidf.Add(tt)
}
```

这表明在对每个单词进行预处理之后，只需将该单词添加到 TFIDF 中即可。

5.7 聚类

本例项目的目的是清理必须阅读的推文数量。如果打算阅读 100 条推文，肯定不想读到 50 条相同主题的推文。尽管它们很可能代表不同的观点，但一般来说，都是出于略读目的，与我的兴趣无关。聚类方法为这一问题提供了一个很好的解决方案。

首先，如果推文是经过聚类的，则同一主题的 50 条推文将被分在同一聚类中。如果有兴趣的话，可以更深入地阅读。否则，可以跳过这类推文。

在本项目中，打算采用 K 均值法。为此，将使用 Marcin Praski 的聚类库。安装该库，只需运行 `go get -u github.com/mpraski/clusters`。这是一个功能强大的软件库，其中内置了多种聚类算法。之前已介绍过 K 均值法，另外还会用到 DBSCAN。

最后，利用 DMMClust 算法进行比较。DMMClust 算法是在另一个库中。安装该库，只需运行 `go get -u github.com/go-nlp/dmmclust`。DMMClust 的目的是通过一种新的过程对小文本进行聚类。

5.7.1　K 均值聚类

综上所述，到目前为止所完成的工作是将主时间线上推文列表中的每条推文处理为 float 64 型的切片，以此来表示高维空间中的坐标。接下来，需要完成的是

1）创建一个聚类器。
2）创建一个表征时间线上所有推文的 [ ] [ ] float64 型。
3）训练聚类器。
4）预测推文属于哪个聚类。

具体实现如下：

```
func main() {
tweets := mock()
p := newProcessor()
p.process(tweets)
// 创建一个聚类器
c, err := clusters.KMeans(10000, 25, clusters.EuclideanDistance)
dieIfErr(err)
data := asMatrix(tweets)
dieIfErr(c.Learn(data))clusters := c.Guesses()
for i, clust := range clusters{
fmt.Printf("%d: %q\n", clust, tweets[i].FullText)
}
}
```

有些困惑？那么将该函数进行分解。

前几行是用于处理推文：

```
tweets := mock()
p := newProcessor()
p.process(tweets)
```

接下来创建一个聚类器：

```
// 创建一个聚类器
c, err := clusters.KMeans(10000, 25, clusters.EuclideanDistance)
dieIfErr(err)
```

在此，希望采用一个 K 均值聚类。首先对数据进行 10000 次训练，通过利用 Euclidean-

Distance 方法计算距离，希望能找到 25 个聚类。欧氏距离是一种普通标准的距离计算方法，正是之前在 5.2 节中进行练习时计算两点之间距离的方法。还有其他更适合于文本数据的计算距离方法。在本章的后面部分，将介绍如何创建一种距离函数——Jacard 距离，这在针对文本方面要比欧氏距离好得多。

在创建一个聚类之后，需要将推文列表转换为一个矩阵。然后训练聚类器：

```
data := asMatrix(tweets)
dieIfErr(c.Learn(data))
```

最后，显示聚类：

```
clusters := c.Guesses()
for i, clust := range clusters{
fmt.Printf("%d: %q\n", clust, tweets[i].FullText)
}
```

5.7.2 DBSCAN 聚类

使用 Marcin 软件包的 DBSCAN 聚类同样也很简单。实际上，只需将下列一行代码：

```
c, err := clusters.KMeans(10000, 25, clusters.EuclideanDistance)
```

改为

```
c, err := clusters.DBSCAN(eps, minPts, clusters.EuclideanDistance)
```

那么，现在的问题是 eps 和 minPts 的值应为多大？

eps 表示将两点视为相邻点所需的最小距离。而 minPts 是指形成密集聚类所需的最少点数。首先讨论 eps。

如何确定最佳距离是多少呢？解决该问题的一个好方法通常是可视化数据。事实上，这正是 DBSCAN 算法的最初提出者所建议的。但究竟要可视化什么呢？

现在希望可视化推文之间的距离。给定一个数据集，可以计算如下所示的距离矩阵：

```
| |A|B|C|...|
|--|--|--|--|--|--|
|A| | | | |
|B| | | | |
|C| | | | |
|...| | | | |
```

为此，编写了下列函数：

```
func knn(a [][]float64, k int, distance func(a, b []float64) float64)
([][]float64, []float64) {
var distances [][]float64
for _, row := range a {
var dists []float64
for _, row2 := range a {
dist := distance(row, row2)
dists = append(dists, dist)
```

```
}
sort.Sort(sort.Float64Slice(dists))
topK := dists[:k]
distances = append(distances, topK)
}
var lastCol []float64
for _, d := range distances {
l := d[len(d)-1]
lastCol = append(lastCol, l)
}
sort.Sort(sort.Float64Slice(lastCol))
return distances, lastCol
}
```

该函数是取一个浮点数矩阵，其中每一行代表一条推文，并找到前 k 个最近邻。现在对算法进行分析。在分析算法时，切记每一行都是一条推文。因此可将每一行看作是一个非常复杂的坐标。

首先是计算一条推文与另一条推文之间的距离，因此执行下列代码块：

```
var distances [][]float64
for _, row := range a {
var dists []float64
for _, row2 := range a {
dist := distance(row, row2)
dists = append(dists, dist)
}
```

特别需要注意的是 for _, row := range a 和 for _, row2：= range a 这两个表达式。在一个普通的 KNN 函数中，应有两个矩阵 a 和 b，并计算 a 中一条推文与 b 中一条推文之间的距离。但为了绘制该图，在此比较同一数据集中的推文。

一旦计算得到所有距离，则希望找出最近邻，为此对列表进行排序，然后将其放入距离矩阵中：

```
sort.Sort(sort.Float64Slice(dists))
topK := dists[:k]
distances = append(distances, topK)
```

这就是一种快速实现的 K 最近邻算法。当然，这不是最有效的。在此介绍的算法的复杂度是 $O(n^2)$。现有更好的实现方法，不过对于本例项目而言，这已足够了。

在此之后，取矩阵的最后一列并对其进行排序。这就是想要绘制的数据。绘图代码与前几章中的代码没有什么不同。在此只是给出这些代码，而不再详细说明如何执行：

```
func plotKNNDist(a []float64) plotter.XYs {
points := make(plotter.XYs, len(a))
for i, val := range a {
points[i].X = float64(i)
points[i].Y = val
}
return points
}
```

在使用实际推特数据来计算理想的 eps 时，可得下图的输出结果：

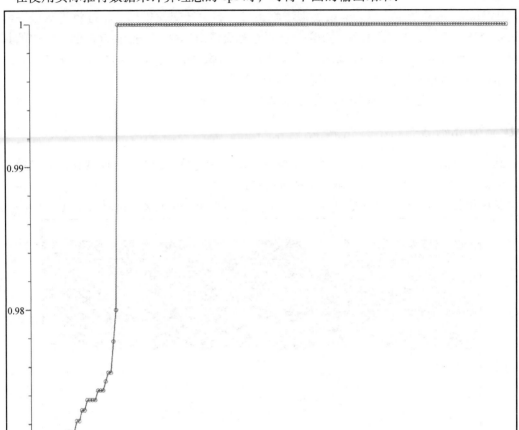

所要找的是图中的"肘部"或"膝盖"部分。不幸的是，正如所看到的，这样的情况有很多。这将使得采用 DBSCAN 算法进行聚类时较为困难。这意味着数据扰动较多。

其中一个特别重要的事情是所用的距离函数。在 5.10 节中，将进一步讨论这个问题。

5.7.3 DMMClust 聚类

由于对于我的推特主页推送的距离图有些失望，因此我开始研究另一种推文聚类方法。为此，使用了 dmmclust 库（其中我是主要开发人员）。DMMClust 算法的目的是能够很好地处理小文本。实际上，这正是为了处理小文本问题而编写的。

究竟什么是小文本？目前大多数文本聚类研究都是针对词汇量较大的文本进行的。直到最近，推特仍只支持 140 个字符。可以想象得到，作为人类语言，140 个字符所传递的信息量并不多。

DMMClust 算法的工作原理非常类似于学生参加高中社交俱乐部。将推特想象成一群学生。每个学生随机加入一个社交俱乐部。在每个社交俱乐部里，可能喜欢该俱乐部中的其他成员，也可能不喜欢。如果不喜欢这一团体中的人，那么可以参加别的社交俱乐部，直到所有俱乐部中都有彼此最喜欢的人，或者达到迭代次数。

简而言之，上述就是 DMMClust 算法的基本工作原理。

5.8　实际数据

到目前为止，一直是在研究推特文档所提供的一个 JSON 示例。假设现在已有推特 API 的访问权限。那么，让我们来获取真实的推特数据！

要从开发人员门户网站获取 API 密钥，请单击 Get Started 链接。这时会出现以下页面：

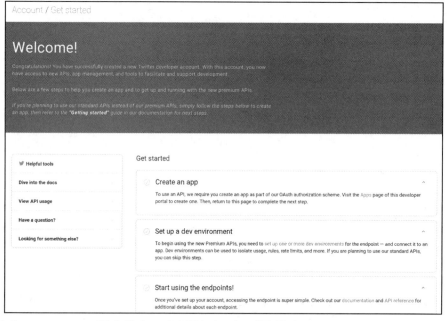

选择 Create an app，则会弹出一个新页面，如下图所示：

我很久以前就创建了一个推特应用程序（功能与在本例项目中所创建的应用程序的功能非常相似），因此，已经有了一个应用程序。单击右上角的 Create an app 蓝色按钮。这时会弹出下面的表单：

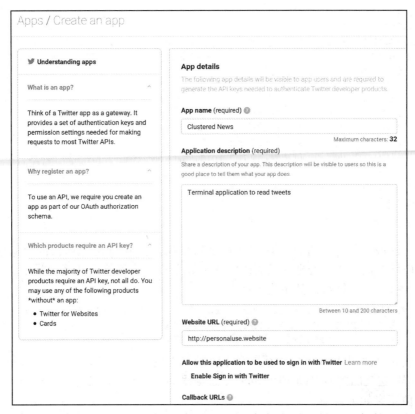

填写表单，然后单击 submit。可能需要几天时间才会收到一封电子邮件，告知这个应用程序已被获准开发。注意，在应用描述时一定要真实。最后，就能够点击进入该应用程序，并出现以下页面，其中显示了 API 密钥和密码：

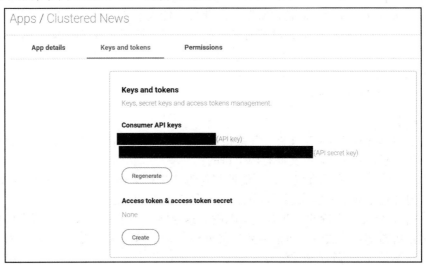

单击 Create 创建访问令牌和访问令牌密码。以后会用到。

现在已获得了 API 访问密钥，那么就可以使用 Anaconda 软件包访问推特了：

```go
const (
ACCESSTOKEN = "_____"
ACCESSTOKENSECRET = "_____"
CONSUMERKEY = "_____"
CONSUMERSECRET = "_____"
)
func main() {
twitter := anaconda.NewTwitterApiWithCredentials(ACCESSTOKEN,
ACCESSTOKENSECRET, CONSUMERKEY, CONSUMERSECRET)
raw, err := twitter.GetHomeTimeline(nil)
f, err := os.OpenFile("dev.json", os.O_TRUNC|os.O_WRONLY|os.O_CREATE, 0644)
dieIfErr(err)
enc := json.NewEncoder(f)
enc.Encode(raw)
f.Close()
}
```

乍一看，这段代码有点奇怪。现在逐行分析代码。前 6 行是处理访问令牌和密钥。显然，这些不应该被硬编码。处理这类密码的一个好方法是将其放入环境变量中。在此留给读者作为练习。接着，继续讨论其余代码：

```go
twitter := anaconda.NewTwitterApiWithCredentials(ACCESSTOKEN,
ACCESSTOKENSECRET, CONSUMERKEY, CONSUMERSECRET)
raw, err := twitter.GetHomeTimeline(nil)
```

这两行代码是使用 Anaconda 库获取在主时间线上的推文。参数 nil 可能需要注意。为什么要这么做呢？这是因为 GetHomeTimeline 方法是取 url. Values 的映射。该软件包是标准库中的 net/url。值定义如下：

```go
type Values map[string][]string
```

但是这些值代表什么呢？事实证明，可以将一些参数传给推特 API。这里列举了各种参数及其作用：https：//developer. twitter. com/en/docs/tweets/timelines/api – reference/get – statuses – home_timeline。在此无需任何限制，因此可以传入参数 nil。

结果是 [ ] anaconda. Tweet，已经有序封装供使用。下面几行代码也很奇怪：

```go
f, err := os.OpenFile("dev.json", os.O_TRUNC|os.O_WRONLY|os.O_CREATE, 0644)
dieIfErr(err)
enc := json.NewEncoder(f)
enc.Encode(raw)
f.Close()
```

为什么要将其保存为 JSON 文件？答案很简单，因为在使用机器学习算法时，可能需要调整算法。将请求保存为 JSON 文件有两个目的：

- 保证一致性。在实际开发中，可能期望对算法进行大幅调整。如果 JSON 文件不断更改，那么如何知道是算法调整实现了改进，而不是因为 JSON 更改所导致的？
- 做一个好公民。推特的 API 有速率限制。这意味着不能一次又一次请求同样的操作。在测试和优化机器学习算法时，可能需要反复处理数据。这时应该做一个好公民，使用本地缓存副本，而不是攻击推特服务器。

之前已定义了 load。同样，在调整算法的情况下也会体现其可用性。

5.9 程序

一旦完成上述工作，就需要将之前的 main( ) 函数移到另一个函数中，再次保留空的 main( ) 函数。现在开始本例项目的主要部分。这只是一个框架程序。希望读者在编写该程序时能有所改进：

```go
func main() {
  f, err := os.Open("dev.json")
  dieIfErr(err)
  tweets := load(f)
  p := newProcessor()
  tweets = p.process(tweets)
  expC := 20
  distances, last := knn(asMatrix(tweets), expC, clusters.EuclideanDistance)
  log.Printf("distances %v | %v", distances, last)
  // 绘制DBSCAN算法的肘部
  plt, err := plot.New()
  dieIfErr(err)
  plotutil.AddLinePoints(plt, "KNN Distance", plotKNNDist(last))
  plt.Save(25*vg.Centimeter, 25*vg.Centimeter, "KNNDist.png")
  // 执行聚类
  dmmClust := dmm(tweets, expC, p.corpus.Size())
  kmeansClust := kmeans(tweets, expC)
  dbscanClust, clustCount := dbscan(tweets)
  // 输出结果
  log.Printf("len(tweets)%d", len(tweets))
  var buf bytes.Buffer
  bc := byClusters2(dmmClust, expC)
  lc, tweetCount := largestCluster2(dmmClust)
  fmt.Fprintf(&buf, "Largest Cluster %d - %d tweets\n", lc, tweetCount)
  for i, t := range bc {
  fmt.Fprintf(&buf, "CLUSTER %d: %d\n", i, len(t))
  for _, c := range t {
  fmt.Fprintf(&buf, "\t%v\n", tweets[c].clean2)
    }
    }
    fmt.Fprintf(&buf, "==============\n")
    bc2 := byClusters(kmeansClust, expC)
    for i, t := range bc2 {
    fmt.Fprintf(&buf, "CLUSTER %d: %d\n", i, len(t))
    for _, c := range t {
    fmt.Fprintf(&buf, "\t%v\n", tweets[c].clean2)
    }
    }
    fmt.Fprintf(&buf, "==============\n")
    bc3 := byClusters(dbscanClust, clustCount)
    for i, t := range bc3 {
    fmt.Fprintf(&buf, "CLUSTER %d: %d\n", i, len(t))
    for _, c := range t {
    fmt.Fprintf(&buf, "\t%v\n", tweets[c].clean2)
    }
    }
  log.Println(buf.String())
    }
```

还有一些实用函数并未讨论。现在进行定义：

```go
func dmm(a []*processedTweet, expC int, corpusSize int) []dmmclust.Cluster
{
conf := dmmclust.Config{
K: expC,
Vocabulary: corpusSize,
Iter: 1000,
Alpha: 0.0,
Beta: 0.01,
Score: dmmclust.Algorithm4,
Sampler: dmmclust.NewGibbs(rand.New(rand.NewSource(1337))),
}
dmmClust, err := dmmclust.FindClusters(toDocs(a), conf)
dieIfErr(err)
return dmmClust
}
func kmeans(a []*processedTweet, expC int) []int {
// 创建一个聚类器
kmeans, err := clusters.KMeans(100000, expC, clusters.EuclideanDistance)
dieIfErr(err)
data := asMatrix(a)
dieIfErr(kmeans.Learn(data))
return kmeans.Guesses()
}
func dbscan(a []*processedTweet) ([]int, int) {
dbscan, err := clusters.DBSCAN(5, 0.965, 8, clusters.EuclideanDistance)
dieIfErr(err)
data := asMatrix(a)
dieIfErr(dbscan.Learn(data))
clust := dbscan.Guesses()
counter := make(map[int]struct{})
for _, c := range clust {
counter[c] = struct{}{}
}
return clust, len(counter)
}
func largestCluster(clusters []int) (int, int) {
cc := make(map[int]int)
for _, c := range clusters {
cc[c]++
}
var retVal, maxVal int
for k, v := range cc {
if v > maxVal {
retVal = k
maxVal = v
}
}
return retVal, cc[retVal]
}
func largestCluster2(clusters []dmmclust.Cluster) (int, int) {
```

```
    cc := make(map[int]int)
    for _, c := range clusters {
    cc[c.ID()]++
    }
var retVal, maxVal int
for k, v := range cc {
    if v > maxVal {
    retVal = k
    maxVal = v
    }
    }
    return retVal, cc[retVal]
    }
func byClusters(a []int, expectedClusters int) (retVal [][]int) {
    if expectedClusters == 0 {
    return nil
    }
    retVal = make([][]int, expectedClusters)
    var i, v int
    defer func() {
    if r := recover(); r != nil {
    log.Printf("exp %v | %v", expectedClusters, v)
    panic(r)
    }
    }()
    for i, v = range a {
    if v == -1 {
    // retVal[0] = append(retVal[0], i)
    continue
    }
    retVal[v-1] = append(retVal[v-1], i)
    }
    return retVal
    }
func byClusters2(a []dmmclust.Cluster, expectedClusters int) (retVal
[][]int) {
    retVal = make([][]int, expectedClusters)
    for i, v := range a {
    retVal[v.ID()] = append(retVal[v.ID()], i)
    }
    return retVal
    }
```

这些是在 utils.go 中提供的一些实用函数。这些实用函数主要用于帮助调整程序。可通过输入 go run*.go 来运行程序。

5.10　程序调整

如果按照上述过程执行，那么可能会在所有聚类算法中得到非常糟糕的结果。在此需要指出的是，本书的主要目的是让大家了解在 Go 语言中如何进行数据科学分析。在大多数情况下，我推崇一种认真分析问题，然后直接得出答案的方法。但现实情况是经常需要采用试错法。

针对我的推特主页时间线上行之有效的解决方案可能对他人无效。例如，这段代码在朋友的推特推送上运行良好。这是为什么呢？这是因为他关注了很多同时谈论类似事件的人。而在我的推特主页中对推文进行聚类则有点困难。我关注的人形形色色。这些人没有固定的发推特的时间，通常也不与其他推特用户互动。因此，推文就显得多种多样。

正是基于这一点，希望读者能不断尝试并调整你的程序。在本节中，将大致介绍对我有效的方法。不过也可能对你没什么作用。

5.10.1 距离调整

到目前为止，一直是在采用 Marcin 库所提供的欧氏距离。欧氏距离计算如下：

$$EuclideanDistance(\mathbf{q},\mathbf{p}) = \sqrt{\sum_{i=1}^n (q_i-p_i)^2}.$$

EuclideanDistance 是针对笛卡儿空间坐标的一个很好的度量。事实上，在早些时候，我曾将推特比作空间中的一组坐标，来解释 K 均值和 DBSCAN 算法。而实际上文本文档并不是在笛卡儿空间中。在此可以认为是存于于笛卡儿空间，但严格来说并不是这样。

为此，在此介绍另一种类型的距离，这是一种更适合于目前正在处理的词袋样式设置中文本元素的距离，即 Jaccard 距离。

Jaccard 距离定义如下：

$$d_J(A,B) = 1 - J(A,B) = { { |A \cup B| - |A \cap B| } \over |A \cup B| }$$

其中，A 和 B 是每个推文中的单词集合。在 Go 语言中，仅初步实现了 Jaccard 距离，但行得通：

```go
func jaccard(a, b []float64) float64 {
setA, setB := make(map[int]struct{}), make(map[int]struct{})
union := make(map[int]struct{})
for i := range a {
if a[i] != 0 {
union[i] = struct{}{}
setA[i] = struct{}{}
}
}
for i := range b {
if b[i] != 0 {
union[i] = struct{}{}
setB[i] = struct{}{}
}
}
intersection := 0.0
for k := range setA {
if _, ok := setB[k]; ok {
intersection++
}
}
return 1 - (intersection / float64(len(union)))
}
```

5.10.2 预处理步骤调整

这时可能会注意到推文的预处理非常少，且有些规则很奇怪。例如，所有的哈希标签都看作是一个标签，所有的链接和提及也都视为是一个标签。在本例项目开始时，这似乎还说得过去。除此之外，再无其他合理理由。在任何项目中，总是需要一个出发点。在这一点上，一个站不住脚的借口和其他任何借口都是一样的。

尽管如此，还是调整了预处理步骤。下面是最终确定的函数。请注意这段程序和前几节中所给山的初始程序之间的区别。

```go
var nl = regexp.MustCompile("\n+")
var ht = regexp.MustCompile("&.+?;")
func (p *processor) single(word string) (wordID int, ok bool) {
if _, ok = stopwords[word]; ok {
return -1, false
}
switch {
case strings.HasPrefix(word, "#"):
word = strings.TrimPrefix(word, "#")
case word == "@":
return -1, false // at 是一个停用词
case strings.HasPrefix(word, "http"):
return -1, false
}
if word == "rt" {
return -1, false
}
return p.corpus.Add(word), true
}
func (p *processor) process(a []*processedTweet) []*processedTweet {
// 去除要考虑的内容
i := 0
for _, tt := range a {
if tt.Lang == "en" {
a[i] = tt
i++
}
}
a = a[:i]
var err error
for _, tt := range a {
if tt.RetweetedStatus != nil {
tt.Tweet = *tt.RetweetedStatus
}
tt.clean, _, err = transform.String(p.transformer, tt.FullText)
dieIfErr(err)
tt.clean = strings.ToLower(tt.clean)
tt.clean = nl.ReplaceAllString(tt.clean, "\n")
tt.clean = ht.ReplaceAllString(tt.clean, "")
```

```
tt.clean = stripPunct(tt.clean)
log.Printf("%v", tt.clean)
for _, word := range strings.Fields(tt.clean) {
// word = corpus.Singularize(word)
wordID, ok := p.single(word)
if ok {
tt.ids = append(tt.ids, wordID)
tt.clean2 += " "
tt.clean2 += word
}
if word == "rt" {
tt.isRT = true
}
}
p.tfidf.Add(tt)
log.Printf("%v", tt.clean2)
}
p.tfidf.CalculateIDF()
// 计算得分
for _, tt := range a {
tt.textVec = p.tfidf.Score(tt)
}
// 归一化文本矢量
size := p.corpus.Size()
for _, tt := range a {
tt.normTextVec = make([]float64, size)
for i := range tt.ids {
tt.normTextVec[tt.ids[i]] = tt.textVec[i]
}
}
return a
}
func stripPunct(a string) string {
const punct = ",.?;:'\"!'*-""
return strings.Map(func(r rune) rune {
if strings.IndexRune(punct, r) < 0 {
return r
}
return -1
}, a)
}
```

在所进行的改变中，最显著的一点是，现在将哈希标签看作是一个单词。取消提及。至于 URL，在一次聚类尝试中，意识到聚类算法是将所有带有 URL 的推文聚集到同一聚类中。这就促使删除了哈希标签、提及和 URL。在此，针对哈希标签，删除了#，并将其视为普通单词。

此外，可能还注意到，在此添加了一些快速简单的方法来清除一些内容：

```
tt.clean = strings.ToLower(tt.clean)
tt.clean = nl.ReplaceAllString(tt.clean, "\n")
tt.clean = ht.ReplaceAllString(tt.clean, "")
tt.clean = stripPunct(tt.clean)
```

在这里,使用正则表达式将多个换行符替换为一个,并将所有 HTML 编码的文本都替换为空。最后,删除了所有标点符号。

在正式场合,会使用合适的词汇分析程序来处理文本。所用的词汇分析程序是来自 Lingo(github. com/chewxy/lingo)。但考虑到推特是一个不太重要的应用环境,这样做没有太大意义。一个合适的词汇分析程序(如 Lingo 中的 lexer)会将文本标记为多个内容,从而便于删除。

另外一项工作是,改变了在转发过程中的推文定义:

```
if tt.RetweetedStatus != nil {
tt.Tweet = *tt.RetweetedStatus
}
```

上述代码表示,如果一条推文确实是处于转发状态,那么将会用被转发的推文替换该推文。这褒贬不一。我认为任何转发都等同于重复一条推文。所以,不明白为何要区别对待。此外,推特允许用户对转发推文发表评论。如果要考虑该功能,则需要改变一下逻辑。不管怎样,在此所用的方法是手动检查所保存的 JSON 文件。

在进行数据科学分析时,无论是 Go 语言还是任何其他语言,提出问题并进行判断都是非常重要的。并不是盲目地应用算法。相反,而是根据这些数据所反馈的信息来驱动算法应用的。

需要注意的最后一点是下列这段奇怪的代码:

```
// 去除所考虑的内容
i := 0
for _, tt := range a {
if tt.Lang == "en" {
a[i] = tt
i++
}
}
a = a[:i]
```

在这里,只考虑英文推文。我关注了很多用各种不同语言发推文的人。在任何时刻,我的推特主页时间线上都大约有 15% 的推文是用法语、汉语、日语或德语发布的。要对不同语言发布的推文进行聚类是完全不同的一种情况,在此不再涉及。

5.11 小结

在本章中,学习了如何使用各种聚类方法对推文进行聚类。尽管经常被认为是最鲁棒的算法之一,但实际证明,由于推文存在干扰的性质,DBSCAN 算法在对推文进行聚类时存在一些问题。相反,被认为是传统的旧方法以及一种新的聚类方法将会产生更好的结果。

这得出了一些启示——没有一种机器学习算法可以包罗万象;没有一种放之四海而皆准的算法。相反,需要多多尝试。在接下来的章节中,这个问题将更加明显,我们将更加严格地处理这些问题。下一章将介绍神经网络的基础知识,并将其应用于手写体数字的识别上。

第 6 章
神经网络——MNIST 手写体识别

假设你是一名邮递员，工作就是投递信件。大多数时候，收件人的姓名和地址都会被打印出来，而且很容易辨认，那么这工作就非常轻松。但到了感恩节和圣诞节，手写地址的信件越来越多，因为手写体给人的感觉更加亲近。坦率地说，有些人（包括我）的笔迹很潦草。

如果可以的话，归咎于学校不再强调笔书，不过确实存在问题：手写体难以阅读和辨认。但愿不会送一封医生写的信（祝你好运！）。

假设已建立了一个可以识别手写体的机器学习系统，会是什么情况？这就是本章和下一章要讨论的内容。本章将构建一种称为人工神经网络的机器学习算法，下一章将扩展到深度学习概念。

本章将介绍神经网络的基础知识，了解它是如何受生物神经元的启发，找到更好的表征方法，最后将神经网络应用到手写体数字识别中。

6.1　神经网络

神经网络一词在现代用语中有两种含义。第一种含义是指大脑中的神经元网络。这些神经元形成特定的网络和通路，对于理解语句至关重要。第二种含义是指人工神经网络，也就是说，在软件中构建的可以模拟大脑中神经网络的结构。

当然，在生物神经网络和人工神经网络之间有着许多不同之处。要理解具体差异，必须从头开始。

> (i) 从这里开始，将使用英式拼写法来拼写神经元以表示一个真正的神经元细胞，而用美式拼写法拼写神经元来表示人工神经元。

一个神经元如下图所示：

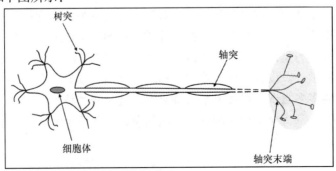

一般来说，神经元通常由体细胞（包含细胞核的细胞体），覆盖在一种称为髓鞘的脂肪组织中的轴突，以及树突组成。后两种成分（轴突和树突）很关键，因为两者共同形成了一种称为突触的结构。具体来说，是轴突末端形成了这种突触。

哺乳动物大脑中绝大多数的突触位于轴突末端和树突之间。典型的信号流（化学或电脉冲）是来自一个神经元，沿着轴突传播，并将其信号存储到下一个神经元上。

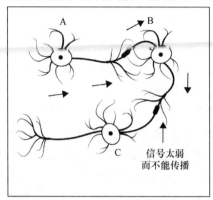

上图中，有三个神经元，分别记为 A、B 和 C。假设 A 接收来自外部源（如人眼）的信号。若接收到的信号足够强，则将该信号传播到一个通过突触与 B 的树突接触的轴突。B 接收到该信号后，决定不允许将其传播到 C，所以没有信号可沿着 B 的轴突向下传播。

那么现在，将探讨如何模拟上述过程。

6.1.1 模拟神经网络

首先简化前面的神经网络图：

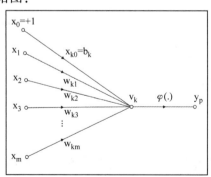

在此，用一个圆圈代表神经元本体，并称之为神经元。神经元的"树突"接收来自其他神经元（未标出）的输入并将所有输入相加。每个输入代表来自另一个神经元的输入。因此，如果观察到三个输入，就意味着该神经元与其他三个神经元相连。

如果输入之和超过阈值，那么就认为该神经元"激发"或激活。这样就模拟了实际神经元的激活电位。为了简单起见，假设神经元激活，则输出为 1，否则为 0。以下是在 Go 语言代码中模拟的一个神经元：

```
func neuron(threshold int, inputs ...int) int {
  var total int
  for _, in := range inputs {
    total += in
  }
  if total > threshold {
    return 1
  }
  return 0
}
```

这通常称为感知器，如果对神经元工作原理的了解仍停留在 20 世纪 40 年代和 50 年代，那么这是对神经元工作方式的一种形象模拟。

这里有一个相当有趣的轶事：在写本节的时候，背景音乐正好播放 King Princess 演唱的《1950》，我认为更倾向于在 20 世纪 50 年代开发感知器时所设想的那样。还有一个问题：目前模拟的人工神经网络还无法学习！这需要经过编程来实现输入命令想要完成的工作。

人工神经网络中的"学习"究竟是什么意思？20 世纪 50 年代，在神经科学领域产生了一种称为"赫布规则"（Hebbian Rule）的观念，可以简单概括为同时激活的神经元同时生长。由此产生一种想法：一些突触会变得更厚，因此连接更强，而其他突触则更薄，从而连接较弱。

为了模拟这一点，需要引入权重的概念，权重对应于另一个神经元的输入强度。下面是对该思想的一个逼近模拟：

```
func neuron(threshold, weights, inputs []int) int {
  if len(weights) != len(inputs) {
    panic("Expected length of weights to be the same as the length of
inputs")
  }
  var total int
  for i, in := range inputs {
    total += weights[i]*in
  }
  if total > threshold {
    return 1
  }
  return 0
}
```

针对这一点，如果熟悉线性代数，会认为总和本质上是一个向量积。没错，非常正确！此外，如果阈值为 0，则只需应用 heaviside 阶跃函数：

```
func heaviside(a float64) float64 {
  if a >= 0 {
    return 1
  }
  return 0
}
```

换句话说，可以通过以下方式表征单个神经元：

```
func neuron(weights, inputs []float64) float64 {
  return heaviside(vectorDot(weights, inputs))
}
```

注意，在最后两个示例中，从 int 型替换为更规范的 float64 型。本质保持不变：单个神经元只是一个应用于向量积的函数。

单个神经元作用不大。但是将其组合在一起，按这样的层进行排列，那么就会完成更多功能：

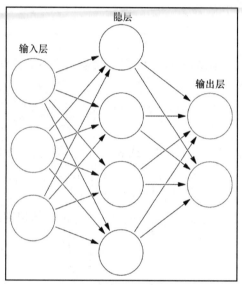

现在开始讨论概念产生飞跃的内容：如果一个神经元本质上只是一个向量积，那么将这些神经元叠加在一起就变成一个矩阵！

假定一幅图像可表示为一个 float64 型数据的平面片段，那么 vectorDot 函数可替换为 matVecMul 函数，matVecMul 函数是一个将矩阵和向量相乘并返回一个向量的函数。可以编写一个表示神经层的函数，具体如下：

```
func affine(weights [][]float64, inputs []float64) []float64 {
  return activation(matVecMul(weights, inputs))
}
```

6.2 线性代数 101

在此，顺便讨论一下线性代数。到目前为止，尽管线性代数一词很少提到，但其实在本书中作用很大。事实上，线性代数是迄今为止每一章的基础。

设有两个方程：

$$y_1 = x_1 + 2x_2$$
$$y_2 = 3x_1 + 5x_2$$

分别设 $y_1 = 4$，$y_2 = 1$，则可得

$$4 = x_1 + 2x_2$$
$$1 = 3x_1 + 5x_2$$

上式可通过基本代数求解得到（请自行完成）：$x_1 = 2$，$x_2 = 1$。

如果有三个、四个或五个联立方程怎么办？计算这些值就会变得很麻烦。相反，引入一种新的符号——矩阵符号，这样可以更快速地求解联立方程。

该符号已使用了大约 100 年都没有命名（James Sylvester 首次称之为"矩阵"），直到 Arthur Cayley 在 1858 年将其规范化。尽管如此，将一个方程的各个部分组合在一起的想法已沿用了很长时间。

首先将方程分解成各个部分：

$$\frac{y_1 = \begin{bmatrix} 1 & 2 \end{bmatrix} \begin{bmatrix} x_1 & x_2 \end{bmatrix}}{y_2 = \begin{bmatrix} 3 & 5 \end{bmatrix} \begin{bmatrix} x_1 & x_2 \end{bmatrix}}$$

式中，水平线表明这是两个不同的方程，而不是比值。当然，这里的 x_1 和 x_2 重复了多次，所以简化了 x_1 和 x_2 的矩阵。

$$\begin{bmatrix} y_1 \\ y_2 \end{bmatrix} = \begin{bmatrix} 1 & 2 \\ 3 & 5 \end{bmatrix} \begin{bmatrix} x_1 & x_2 \end{bmatrix}$$

式中，可见 x_1 和 x_2 只出现一次。但按照上式表示有点不美观，为此重新表示为

$$\begin{bmatrix} y_1 \\ y_2 \end{bmatrix} = \begin{bmatrix} 1 & 2 \\ 3 & 5 \end{bmatrix} \begin{bmatrix} x_1 \\ x_2 \end{bmatrix}$$

不仅需要这样表示，而且还给出了如何理解该符号的具体规则：

$$y_1 = \begin{bmatrix} 1 & 2 \end{bmatrix} \begin{bmatrix} x_1 \\ x_2 \end{bmatrix}$$

$$= 1 \times x_1 + 2 \times x_2$$

$$y_2 = \begin{bmatrix} 3 & 5 \end{bmatrix} \begin{bmatrix} x_1 \\ x_2 \end{bmatrix}$$

$$= 3 \times x_1 + 5 \times x_2$$

在此应该给这些矩阵命名，以便后面引用：

$$\boldsymbol{y} = \begin{bmatrix} y_1 \\ y_2 \end{bmatrix}$$

$$\boldsymbol{W} = \begin{bmatrix} 1 & 2 \\ 3 & 5 \end{bmatrix}$$

$$\boldsymbol{x} = \begin{bmatrix} x_1 \\ x_2 \end{bmatrix}$$

> ⓘ 黑体表示该变量包含多个值。大写表示是一个矩阵（$\boldsymbol{W}$），小写表示一个向量（$\boldsymbol{x}$ 和 $\boldsymbol{y}$）。这是为了将其与标量（仅包含一个值的变量）区分开来，后者通常不使用黑体表示（如 x 和 y）。

求解上述方程，可得

$$x = W^{-1}y$$

式中，上标 -1 表示逆矩阵。这与正规代数一致。

以 $y = wx$ 为例，需要求解 x。显然，解是 $x = \dfrac{y}{w}$，或可写为相乘形式，即 $x = \dfrac{1}{w} \times y$。对于分子为 1 的分数该如何表示？可以写为 -1 次幂的形式。由此可得该方程的解为

$$x = w^{-1}y$$

如果仔细观察，该方程的标量解看起来很像方程的矩阵表示形式。

本书的目的不是介绍如何计算矩阵的逆。对此，建议复习线性代数教材。在此强烈推荐 Sheldon Axler 的 *Linear Algebra Done Right*（Springer 出版）。

总而言之，主要有以下两点：

- 提出矩阵乘法和矩阵符号来求解联立方程。
- 为了求解联立方程，需要将方程看作标量，并利用逆。

接下来是关键之处。对于同样的这两个方程，问题反过来。如果已知 x_1 和 x_2，会是什么情况呢？这时方程应表示如下：

$$4 = w_1 \times 2 + w_2 \times 1$$
$$1 = w_3 \times 2 + w_3 \times 1$$

写成矩阵形式，可得

$$\begin{bmatrix} 4 \\ 1 \end{bmatrix} = \begin{bmatrix} w_1 & w_2 \\ w_3 & w_4 \end{bmatrix} \begin{bmatrix} 2 \\ 1 \end{bmatrix}$$

细心的读者现在可能已经发现了一个错误：有四个变量（w_1、w_2、w_3 和 w_4），但只有两个方程。根据高中数学知识，已知不能求解方程比变量少的方程组！

实际上，高中数学老师可能撒谎了。是有可能求解该方程组的，在第 2 章中已经证明了。

事实上，大多数机器学习问题都可以用线性代数重新表示，具体形式如下：

$$给定 \ y = Wx，求解 \ W$$

我认为，应该将人工神经网络看作是一系列数学函数，而不是一个类似的生物神经元。下一章将对此进一步探讨。事实上，正确理解这一点对于深入理解深度学习及其工作原理至关重要。

目前，只需遵循一个更为普遍的概念就足够了，即人工神经网络在行为上类似于受生物学启发的神经网络。

6.2.1　激活函数探讨

线性代数的本质是线性的。当输出的变化与输入的变化成正比时，这才有效。其实现实世界中都是非线性函数和方程。求解非线性方程非常难。但是有一个技巧。可以用一个线性方程，然后再加上一个非线性方程。这样，函数就变成非线性了！

根据上述观点，可以将人工神经网络看作是之前所有章节的通用版本。

在整个人工神经网络的发展历史上，一直是以一种主流方式支持特定的激活函数。在早

期，Heaviside 函数很受欢迎。后来逐渐开始倾向于可微的连续函数，如 sigmoid 和 tanh。但最近，主流函数又变成较为困难的间断函数。主要是现已掌握了如何处理微分函数的新方法，如校正线性单元（ReLu）。

下面是一些主流激活函数随时间推移的变化情况：

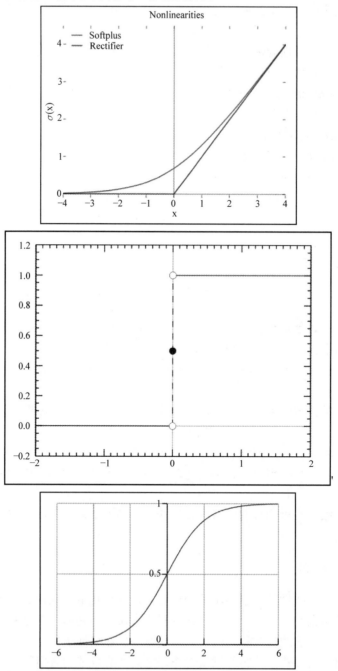

需要注意的是，这些函数都是非线性的，在 y 轴上都有一个硬限幅。

激活函数在垂直方向上有限幅，而在水平方向上无限幅。这样就可以利用偏差来调节激活函数的形状。

应该注意的是，偏差可以为零。这也意味着可以忽略偏差。尽管添加偏差会提高神经网络的准确性，但大多数情况下，对于较为复杂的项目，设置偏差为零即可。

6.3 学习功能

认真思考一下你是如何学习的。注意不是具体学习方式，而是学习思维，你应该对学习过程有 个长期的深入思考。回想一下各种学习方法。也许你曾经有过惨痛的教训。或者你是从易到难，循序渐进。回顾之前的所有章节，它们都有什么共同点？

概括地说，学习是通过不断纠正来完成的。如果你在炉子很烫的时候触碰，那就犯错了。正确做法是永远不要在热的时候触碰炉子。那么你就学到了在炉子热的时候不要触碰。

同样，神经网络的学习也是通过校正来完成的。如果要训练一台机器学会分类手写体，那么就需要提供一些样本图像，并告知机器哪些是正确的标签。如果机器错误地预测了标签，则需要改变神经网络中的某些值，然后再试一次。

哪些可以改变？当然是权重。输入不能改变，因为输入是固定的。但是可以尝试不同的权重。因此，学习过程可分为两个步骤：

- 在神经网络出错时，告知这是错误的。
- 更新权重，以便下次尝试能够产生更好的结果。

经过上述分解，就知道下一步该怎么做了。一种方法是二元判定机制：如果神经网络预测出正确答案，则不更新权重。反之，如果预测错误，则更新权重。

那么，如何更新权重呢？一种方法是用新值完全替换权重矩阵，并再次尝试。由于权重矩阵中的值是由随机分布抽取的，因此，新的权重矩阵也是一个新的随机矩阵。

显然，将这两种方法相结合，需要很长时间，神经网络才能学会。这就好比是在猜测正确的权重矩阵。

相反，现代神经网络利用反向传播的概念来告知神经网络出错，并通过某种形式的梯度下降来更新权重。

反向传播和梯度下降的具体细节已超出本章（包括本书）的范畴。不过，在此将通过分享一个故事来简要介绍一下其主要思想。我和几个同样从事机器学习的朋友共进午餐，但午餐是以发生争吵来结束的。这是因为我不经意间提到反向传播是"发现的"，而不是"发明的"。其他朋友坚持认为反向传播是发明的，而不是发现的。推理很简单：如果有很多人偶然发现数学公式是相同的，那么数学就是"发现的"。如果没有同时发现，则数学是"发明的"。

随着时间推移，各种形式的反向传播不断提出。第一次提出反向传播是在线性回归中。应该指出，这是一种特定于线性回归的特殊反向传播形式：通过误差平方和的结果对输入进行微分，可将误差平方和反向传播到输入。

首先讨论成本。如何告知神经网络出错了？我们是通过计算神经网络的预测成本来实现的。这称为成本函数。可以定义一个成本函数，当神经网络预测正确时，成本较低，而当神经网络预测错误时，成本较高。

现在，设成本函数是 $cost = x^2$，如何确定 X 是多少时成本最小？由高中数学可知，解是对 $cost$ 关于 x 求导，并求出导数为 0 时的解：

$$\frac{\mathrm{d}cost}{\mathrm{d}x} = 0$$

反向传播也是采用同样的方法。简而言之，反向传播就是关于权重的一组偏微分。玩具示例和实际反向传播的主要区别在于表达式的推导很容易。对于更为复杂的数学表达式，求解的计算量太大。相反，可通过梯度下降来确定解。

梯度下降是假设随机选取 x，然后迭代更新 x，使其达到最低成本。在每次迭代中，更新权重。梯度下降最简单的形式是将权重的梯度叠加到权重上。

最关键的一点是采用了一种强大的符号，可以通过对函数求导并找到一个导数最小的点来告知输入此时产生了错误。

6.4   项目背景

在此考虑的项目正是本章前几段中所提到的那个项目。要分类的数据集是一组手写体数字集合，最初是由美国国家标准和技术研究院收集的，后来由 Yann LeCun 团队进行了修改。目标是将手写体数字分类为 0、1、2、…、9。

在理解神经网络是线性代数具体应用的基础上，在此将要构建一个基本的神经网络，并在本章和下一章中使用 Gorgonia。

要安装 Gorgonia，只需运行 go get –u gorgonia.org/gorgonia 和 go get –u gorgonia.org/tensor。

6.4.1   Gorgonia

Gorgonia 是一个用于构建深度神经网络的高效数学运算软件库。这是基于对神经网络是数学表达式的基本理解。因此，使用 Gorgonia 可很容易地构建神经网络。

关于章节的一点说明：由于 Gorgonia 是一个相对较大的软件库，因此本章的部分内容会省略一些 Gorgonia 的相关内容，但将在下一章以及 Packt 出版的另一本书 *Hands On Deep Learning in Go* 中展开介绍。

6.4.2   数据获取

MNIST 数据可在本章的资源库中获得。在原始格式中，它并不是标准的图像格式。因此，需要将数据解析为一种可接受的格式。

数据集分为两部分：标签和图像。下面是一些旨在读取和解析 MNIST 文件的函数：

```
// 图像中含有图像的像素强度。
// 255为前景(黑色),0为背景(白色)。
type RawImage []byte

// 标签是0～9的数字标签。
type Label uint8
```

```go
const numLabels = 10
const pixelRange = 255

const (
  imageMagic = 0x00000803
  labelMagic = 0x00000801
  Width = 28
  Height = 28
)

func readLabelFile(r io.Reader, e error) (labels []Label, err error) {
  if e != nil {
    return nil, e
  }

  var magic, n int32
  if err = binary.Read(r, binary.BigEndian, &magic); err != nil {
    return nil, err
  }
  if magic != labelMagic {
    return nil, os.ErrInvalid
  }
  if err = binary.Read(r, binary.BigEndian, &n); err != nil {
    return nil, err
  }
  labels = make([]Label, n)
  for i := 0; i < int(n); i++ {
    var l Label
    if err := binary.Read(r, binary.BigEndian, &l); err != nil {
      return nil, err
    }
    labels[i] = l
  }
  return labels, nil
}

func readImageFile(r io.Reader, e error) (imgs []RawImage, err error) {
  if e != nil {
    return nil, e
  }

  var magic, n, nrow, ncol int32
  if err = binary.Read(r, binary.BigEndian, &magic); err != nil {
    return nil, err
  }
  if magic != imageMagic {
    return nil, err /*os.ErrInvalid*/
  }
  if err = binary.Read(r, binary.BigEndian, &n); err != nil {
    return nil, err
```

```
  }
  if err = binary.Read(r, binary.BigEndian, &nrow); err != nil {
    return nil, err
  }
  if err = binary.Read(r, binary.BigEndian, &ncol); err != nil {
    return nil, err
  }
  imgs = make([]RawImage, n)
  m := int(nrow * ncol)
  for i := 0; i < int(n); i++ {
    imgs[i] = make(RawImage, m)
    m_, err := io.ReadFull(r, imgs[i])
    if err != nil {
      return nil, err
    }
      if m_ != int(m) {
        return nil, os.ErrInvalid
      }
  }
  return imgs, nil
}
```

首先，函数从 io. Reader 读文件，并读取一组 int32 型数据。这些是文件的元数据。第一个 int32 型数据是用于指示该文件是标签文件还是图像文件。n 表示文件中包含图像或标签的数量。nrow 和 ncol 是存在于文件中的元数据，分别表示每幅图像中的行数和列数。

观察 readImageFile 函数可知，在读取所有元数据之后，需创建一个大小为 n 的 ［］Raw-Image。MNIST 数据集中的图像格式本质上是一个 784 字节（28 列和 28 行）的数据切片。其中，每个字节表示图像中的一个像素点。每个字节的值表示像素亮度，取值范围是 0 ~ 255：

上图是一个 MNIST 样本图像放大后的情况。在左上角，平面切片中的像素索引为 0。在右上角，平面切片中的像素索引为 27。在左下角，平面切片中的像素索引为 755。最后，在右下角，平面切片中的像素索引是 727。这是需要记住的一个重要概念：二维图像可以表示为一维切片。

1. 可接受格式

用于表征图像的可接受格式是什么？一个字节型切片对于读取和显示图像很有用，但是对于机器学习却无太大意义。相反，应该将图像表示为一个浮点切片。下列函数可将字节型转换为 float64 型：

```
func pixelWeight(px byte) float64 {
  retVal := float64(px)/pixelRange*0.9 + 0.1
  if retVal == 1.0 {
    return 0.999
  }
  return retVal
}
```

这本质上是一个缩放函数，可从 0～255 缩放到 0.0～1.0。另外，还提供了一种额外检查。如果值为 1.0，则返回 0.999，而不是 1。这主要是因为在值为 1.0 时，由于数学函数的性能表现不正常，而导致该值往往不稳定。因此，用非常接近 1 的值来替换 1.0。

现在，可以将 RawImage 转换成［］float64 型。由于具有 N 个［］RawImage 格式的图像，因此可以将其变成一个［］［］float64 型，或一个矩阵。

2. 从图像到矩阵

到目前为止，已经确定可以将一组特殊格式的图像转换为 float64 型切片。回顾上述内容，当把神经元堆叠在一起形成一个矩阵时，神经层的激活只是通过一个矩阵－向量相乘。当输入叠加在一起时，就是矩阵－矩阵相乘。

从技术上讲，只需［］［］float64 即可构建一个神经网络。但经过很长时间才能获得最终结果。作为一个研究方向，已经过大约 40 年时间来开发高效的线性代数运算算法，如矩阵乘法和矩阵－向量乘法。该算法集合通常称为 BLAS（基本线性代数子程序）。

在本书中，一直是使用一个可提供 BLAS 功能的软件库，即 Gonum 中的 BLAS 库。如果是严格按照本书所述的操作来执行，那么应该已经安装了该库。否则，运行 go get － u gonum. org/v1/gonum/…，将会安装整个 Gonum 库套件。

根据 BLAS 的一般工作方式，需要一种比［］［］float64 更好的矩阵表示方法。有两个选择：

- Gonum 的 mat 库
- Gorgonia 的 tensor 库

为什么选择 Gorgonia 的 tensor 库？原因很简单。因为能够很好地适用于需要多维数组的 Gorgonia。而 Gonum 的 mat 库最多适用于二维，下一章将讨论四维数组的应用。

6.4.3 什么是张量

张量（tensor）基本上类似于向量。这一概念来自于物理学。假设在二维平面上推一个箱子。如果沿 x 轴以 1N 的力推箱子，且不会对 y 轴施加任何力，这时可记为一个向量［1，0］。如果箱子以 10km/h 的速度沿 x 轴运动，并以 2km/h 的速度沿 y 轴运动，则记为向量［10，2］。注意，这些向量都是无量纲的：第一个是单位为 N 的向量，而第二个是单位为 km/h 的向量。

简而言之，这是对某一方向上施加某种作用（力、速度或任何具有大小和方向的作用）的一种表征。根据这一概念，计算机科学沿用了向量（vector）名称。但在 Go 语言中，称为切片。

> ℹ️ 什么是张量？简要而又不失一般性地说，其实就类似于一个向量。只是这是多维的。设想，如果要描述平面的两个不同方向上速度（比如橡皮泥以不同速度沿两个方向拉伸）：$[1, 0]$ 和 $[10, 2]$。可以表示为
>
> $$\begin{bmatrix} 1 & 0 \\ 10 & 2 \end{bmatrix}$$

这也可称为矩阵（如果是二维的情况）。三维则称为三张量，四维是四张量，以此类推。注意，如果存在第三种速度（也就是说，橡皮泥在第三个方向上拉伸），这不能称为三张量。仍然是一个矩阵，只不过有三行。

如果要在上例基础上形象地描述一个三张量，可以假设橡皮泥被拉伸的两个方向是一个时间相关的切片。然后想象另一个时间相关的切片，是同样的橡皮泥再次在两个方向上拉伸。因此，现在应有两个矩阵。若将这些矩阵合并在一起，就可以想象什么是三张量。

将 [] RawImage 格式转换成 tensor. Tensor，具体代码如下：

```go
func prepareX(M []RawImage) (retVal tensor.Tensor) {
  rows := len(M)
  cols := len(M[0])

  b := make([]float64, 0, rows*cols)
  for i := 0; i < rows; i++ {
    for j := 0; j < len(M[i]); j++ {
      b = append(b, pixelWeight(M[i][j]))
    }
  }
  return tensor.New(tensor.WithShape(rows, cols), tensor.WithBacking(b))
}
```

对于初学者来说，觉得 Gorgonia 可能有点难以理解。在此对代码进行逐行解释。但首先，必须理解，Gorgonia 张量与 Gonum 矩阵一样，无论有多少维，都可在内部表示为一个平面切片。在某种程度上，Gorgonia 张量更为灵活，因为可以包含多个 float64 型的平面切片（也可包含其他类型的切片）。这称为支撑切片或支撑数组。这就是在 Gonum 和 Gorgonia 中执行线性代数运算要比使用单纯的 [] [] float64 更加高效的根本原因之一。

rows：= len（M）和 cols：= len（M [0]）非常容易理解，是为了确定行（即图像的个数）和列（图像中的像素个数）。

b：= make（[] float64, 0, rows * cols）创建了一个大小为 rows * cols 的支撑数组。之所以称为支撑数组，是因为在 b 的整个生命周期中，其大小不会改变。这里从长度 0 开始，是为了后面使用 append 函数。

> 💡 a := make([]T, 0, capacity) 是一个用于预分配切片的好的模式。如下列代码所示：

```
a := make([]int, 0)
    for i := 0; i < 10; i++ {
        a = append(a, i)
    }
```

在第一次调用 append 函数时，Go 语言运行时将检查 a 的容量，并发现为 0。所以会分配一些内存来创建一个大小为 1 的切片。然后在第二次调用 append 函数时，Go 语言运行时再次检查 a 的容量，发现为 1，这是不够的。因此将分配两倍于切片当前容量的内存。在第 4 次迭代时，发现 a 的容量不足以进行扩展，再次分配两倍于切片当前容量的内存。

内存分配问题是一个计算量较大的操作。有时，Go 语言运行时可能不仅要分配内存，还要将内存复制到新的位置。这就增加了切片扩展的计算成本。

因此，如果已知前一切片的容量，最好是一次分配够所有的内存。尽管可以指定长度，但这常常会导致索引错误。因此，建议分配容量和长度为 0。这样，就可以安全地使用 append 函数，而不必担心产生索引错误。

创建好一个支撑切片之后，只需将像素值置于该支撑切片，并利用前面介绍的 pixelWeight 函数将其转换为 float64 型。

最后，调用 tensor. New（tensor. WithShape（rows，cols），tensor. WithBacking（b）），会返回一个 * tensor. Dense。其中 tensor. WithShape（rows，cols）是创建一个具有指定形状的 * tensor. Dense，而 tensor. WithBacking（b）直接使用已经预分配和预填充的 b 作为支撑切片。

tensor 库会直接重用整个支撑数组，从而减少内存分配。这意味着在处理 b 时必须谨慎。之后修改 b 的内容也会改变 tensor. Dense 的内容。由于 b 是在 prepareX 函数中创建的，一旦函数返回，就无法修改 b 的内容。这是防止意外修改的一种好方法。

1. 从标签到独热向量

已知在 Gorgonia 中构建的神经网络只接受 tensor. Tensor 作为输入。因此，这些标签也必须转换成 tensor. Tensor。该转换函数与 prepareX 函数非常相似：

```
func prepareY(N []Label) (retVal tensor.Tensor) {
  rows := len(N)
  cols := 10

  b := make([]float64, 0, rows*cols)
  for i := 0; i < rows; i++ {
    for j := 0; j < 10; j++ {
      if j == int(N[i]) {
        b = append(b, 1)
      } else {
        b = append(b, 0)
      }
    }
  }
  return tensor.New(tensor.WithShape(rows, cols), tensor.WithBacking(b))
}
```

在此建立的是一个 N 行 10 列的矩阵。要构建一个（N，10）矩阵的具体原因将在下一章中讨论，现在先分析其中一行。假设第一个标签（int（N［i］））是 7。这一行如下所示：

$$[0,0,0,0,0,0,0,1,0,0]$$

这称为独热向量编码。这对后面的学习很有帮助，并将在下一章中详细介绍。

2. 可视化

当处理图像数据时，可视化也非常有用。之前，已通过 pixelWeight 函数将图像像素从字节型转换为 float64 型。另外，反向转换函数也很重要：

```
func reversePixelWeight(px float64) byte {
  return byte(((px - 0.001) / 0.999) * pixelRange)
}
```

以下代码是实现可视化 100 幅图像：

```
// visualize函数是在给定由float64型数据组成一个数据张量条件下实现前N幅图像的可视化。
// 排列成(rows,10)图像。
// 行数是用N除以10计算而得——只需要10列。
// 为简单起见，忽略所有余数。
func visualize(data tensor.Tensor, rows, cols int, filename string) (err
error) {
  N := rows * cols

  sliced := data
  if N > 1 {
    sliced, err = data.Slice(makeRS(0, N), nil) // data[0:N, :] in python
    if err != nil {
      return err
    }
  }

  if err = sliced.Reshape(rows, cols, 28, 28); err != nil {
    return err
  }

  imCols := 28 * cols
  imRows := 28 * rows
  rect := image.Rect(0, 0, imCols, imRows)
  canvas := image.NewGray(rect)

  for i := 0; i < cols; i++ {
    for j := 0; j < rows; j++ {
      var patch tensor.Tensor
      if patch, err = sliced.Slice(makeRS(i, i+1), makeRS(j, j+1)); err !=
nil {
        return err
      }

      patchData := patch.Data().([]float64)
      for k, px := range patchData {
        x := j*28 + k%28
        y := i*28 + k/28
```

```
            c := color.Gray{reversePixelWeight(px)}
            canvas.Set(x, y, c)
        }
    }
}

var f io.WriteCloser

if f, err = os.Create(filename); err != nil {
  return err
}

if err = png.Encode(f, canvas); err != nil {
  f.Close()
  return err
}

if err = f.Close(); err != nil {
  return err
}
return nil
}
```

数据集是一个庞大的图像切片。需要先算出需要多少数据，即 N：= rows * cols。在获得所需要的数据之后，通过 data. Slice(makeRS（0，N），nil）得到切片，这是沿第一个轴将张量分割。然后利用 sliced. Reshape(rows，cols，28，28）将分割后的张量重新构造成一个四维数组。可以认为这是一个由 28x28 幅图像构成的行和列。

切片入门

*tensor. Dense 的作用非常类似于 Go 语言中的一个标准的切片。正如切片 a［0：2］一样，也可以对 Gorgonia 张量进行相同操作。对于所有张量，. Slice（）方法都接受一个 tensor. Slice 描述符，定义为

```
type Slice interface {
    Start() int
    End() int
    Step() int
}
```

因此，必须创建自己的数据类型来适应切片接口。这在本例项目的 utils. go 文件中已定义。makeRS(0, N) 的作用相当于处理 data［0：N］。有关该 API 的详细信息和推理请参阅 Gorgonia 的 tensor Godoc 页面。

然后，利用内置的图像软件包创建灰度图像：canvas：= image. NewGray（rect）。image. Gray 实际上是一个字节型切片，且每个字节是一个像素。接下来是填充像素。这很简单，只需循环遍历每块中的列和行，然后用从张量中提取的正确值进行填充。通过 reversePixelWeight 函数将浮点数转换为字节，然后将字节转换为 color. Gray。最后，利用 canvas. Set(x，y，c) 函数设置画布中的像素。

这样，画布就编码为 PNG 格式。最终实现了可视化！

在主函数中调用可视化如下：

```go
func main() {
  imgs, err := readImageFile(os.Open("train-images-idx3-ubyte"))
  if err != nil {
    log.Fatal(err)
  }
  log.Printf("len imgs %d", len(imgs))

  data := prepareX(imgs)
  visualize(data, 100, "image.png")
}
```

这将生成下图：

3. 预处理

接下来需要采用零相位成分分析（ZCA）来"白化"数据。ZCA 的定义已超出本章范畴，不过简单来说，ZCA 非常类似于主成分分析（PCA）。在 784 个像素的切片中，像素间存在相关性的概率很高。ZCA 的目的是为了寻找互不相关的一组像素。这是通过同时查看所有图像，并分析各列间的相关性来实现的：

```go
func zca(data tensor.Tensor) (retVal tensor.Tensor, err error) {
  var dataᵀ, data2, sigma tensor.Tensor
  data2 = data.Clone().(tensor.Tensor)

  if err := minusMean(data2); err != nil {
    return nil, err
  }
  if dataᵀ, err = tensor.T(data2); err != nil {
    return nil, err
  }

  if sigma, err = tensor.MatMul(dataᵀ, data2); err != nil {
```

```go
        return nil, err
    }

    cols := sigma.Shape()[1]
    if _, err = tensor.Div(sigma, float64(cols-1), tensor.UseUnsafe()); err
!= nil {
        return nil, err
    }

    s, u, _, err := sigma.(*tensor.Dense).SVD(true, true)
    if err != nil {
        return nil, err
    }

    var diag, uᵀ, tmp tensor.Tensor
    if diag, err = s.Apply(invSqrt(0.1), tensor.UseUnsafe()); err != nil {
        return nil, err
    }
    diag = tensor.New(tensor.AsDenseDiag(diag))

    if uᵀ, err = tensor.T(u); err != nil {
        return nil, err
    }

    if tmp, err = tensor.MatMul(u, diag); err != nil {
        return nil, err

    }

    if tmp, err = tensor.MatMul(tmp, uᵀ); err != nil {
        return nil, err
    }

    if err = tmp.T(); err != nil {
        return nil, err
    }

    return tensor.MatMul(data, tmp)
}

func invSqrt(epsilon float64) func(float64) float64 {
    return func(a float64) float64 {
        return 1 / math.Sqrt(a+epsilon)
    }
}
```

这段代码较长。现在对该代码进行分析。但在分析代码之前，需要先了解 ZCA 的核心思想。

先来回顾一下 PCA 的作用：发现相关性最小的一组输入（列或像素，两者可通用）。而 ZCA 的目的是选择确定的主成分，并将其与输入相乘来转换输入，从而降低输入之间的相关性。

首先，需要减去行的平均值。为此，首先复制数据（稍后会分析为什么这样做），然后利用下列函数减去平均值：

```
func minusMean(a tensor.Tensor) error {
  nat, err := native.MatrixF64(a.(*tensor.Dense))
  if err != nil {
    return err
  }
  for _, row := range nat {
    mean := avg(row)
    vecf64.Trans(row, -mean)
  }

  rows, cols := a.Shape()[0], a.Shape()[1]

  mean := make([]float64, cols)
  for j := 0; j < cols; j++ {
    var colMean float64
    for i := 0; i < rows; i++ {
      colMean += nat[i][j]
    }
    colMean /= float64(rows)
    mean[j] = colMean
  }

  for _, row := range nat {
    vecf64.Sub(row, mean)
  }

  return nil
}
```

在前面讨论了关于平面切片与 [ ] [ ] float64 的效率对比之后，下面的建议可能有点违背直觉。接下来，进行具体解释。native. MatrixF64 接收一个 * tensor. Dense 并返回一个 [ ] [ ] float64，称之为 nat。nat 与张量 a 共享所分配的内存。尽管无需额外的内存分配，但对 nat 的任何修改都会显示在 a 中。在这种情况下，应该将 [ ] [ ] float64 看作是遍历张量中各值的一种简单方法。如下所示：

```
for j := 0; j < cols; j++ {
  var colMean float64
  for i := 0; i < rows; i++ {
    colMean += nat[i][j]
  }
  colMean /= float64(rows)
  mean[j] = colMean
}
```

与 visualize 函数中一样，首先应遍历各列，尽管目的不同。这里是为了计算每列的平均值。然后将每列的平均值存储在均值变量中。这样就可以减去列的平均值：

```
for _, row := range nat {
  vecf64.Sub(row, mean)
}
```

这段代码使用了 Gorgonia 中提供的 vecf64 软件包来从另一个切片中减去一个切片（按元素执行）。这与下列代码等效：

```
for _, row := range nat {
  for j := range row {
    row[j] -= mean[j]
  }
}
```

应用 vecf64 软件包的真正原因是经过优化以 SIMD 指令执行操作，不是每次执行 row [j] – = mean [j]，而是同时执行 row [j] – = mean [j]，row [j+1] – = mean [j+1]，row [j+2] – = mean [j+2]，row [j+3] – = mean [j+3]。

在减去平均值之后，即可进行转置并复制：

```
if data^T, err = tensor.T(data2); err != nil {
  return nil, err
}
```

通常，会通过 data2. T（）来求 tensor. Tensor 的转置。但这不能返回副本。相反，tensor. T 函数克隆数据结构，然后对其进行转置。为什么会这样呢？在此将同时使用转置和 data2 来计算 sigma（关于矩阵乘法的更多内容将在下一章详细介绍）：

```
var sigma tensor.Tensor
if sigma, err = tensor.MatMul(data^T, data2); err != nil {
  return nil, err
}
```

在得到 sigma 之后，将其除以列数 – 1。这就提供了一个无偏估计。tensor. UseUnsafe 选项是用于表示结果应存储到 sigma 张量：

```
cols := sigma.Shape()[1]
if _, err = tensor.Div(sigma, float64(cols-1), tensor.UseUnsafe()); err
!= nil {
  return nil, err
}
```

上述操作都是为了可以对 sigma 进行 SVD（奇异值分解）：

```
s, u, _, err := sigma.(*tensor.Dense).SVD(true, true)
if err != nil {
  return nil, err
}
```

SVD（如果不熟悉）是一种将矩阵分解成其组成部分的方法。为什么要这么做呢？首先，这会更易于某些计算。目的是将一个（M，N）矩阵 A 分解成一个（M，N）矩阵 S、一个（M，M）矩阵 U 和一个（N，N）矩阵 V。A 的重构表达式为

$$A = USV^T$$

这样就可利用分解后的组成部分。在本例中，由于对右侧的奇异值 V 不是特别关注，所以暂时忽略该项。分解后的部分可直接用于图像的变换，这在函数体的结尾部分实现。

经过预处理，再次可视化前 100 张左右的图像如下：

6.4.4　构建神经网络

最后是构建一个神经网络！我们将构建一个仅包含单隐层的简单的三层神经网络。三层神经网络有两个权重矩阵，可以将神经网络定义为

```
type NN struct {
  hidden, final *tensor.Dense
  b0, b1 float64
}
```

hidden 表示输入层与隐层之间的权重矩阵，final 表示隐层与输出层之间的权重矩阵。

NN 数据结构的图形化表示如下：

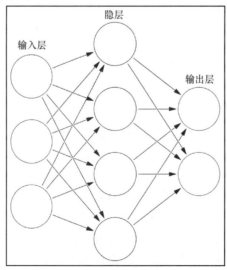

输入层是 784 个 float64 型切片，然后前向馈入（即矩阵乘法之后执行一个激活函数）形成隐层。然后隐层继续馈入形成输出层。输出层是一个由 10 个 float64 型组成的向量，这就是前面讨论的独热编码。在此可将其看作是伪概率，因为这些值加起来不等于 1。

注意，b0 和 b1 分别是隐层和输出层的偏置。实际上并未使用，主要是因为易造成混乱，很难得到正确的微分。对读者来说，一个难题是后面要用到 b0 和 b1。

为了构建一个新的神经网络，需设置一个 New 函数：

```go
func New(input, hidden, output int) (retVal *NN) {
  r := make([]float64, hidden*input)
  r2 := make([]float64, hidden*output)
  fillRandom(r, float64(len(r)))
  fillRandom(r2, float64(len(r2)))
  hiddenT := tensor.New(tensor.WithShape(hidden, input),
tensor.WithBacking(r))
  finalT := tensor.New(tensor.WithShape(output, hidden),
tensor.WithBacking(r2))
  return &NN{
    hidden: hiddenT,
    final: finalT,
  }
}
```

fillRandom 函数是用随机值填充一个［］float64。在本例中，是用均匀分布中的随机值来填充。在此，使用了 Gonum 中的 distuv 软件包：

```go
func fillRandom(a []float64, v float64) {
  dist := distuv.Uniform{
    Min: -1 / math.Sqrt(v),
    Max: 1 / math.Sqrt(v),
  }
  for i := range a {
    a[i] = dist.Rand()
  }
}
```

在填充了 r 和 r2 切片之后，即创建了张量 hiddenT 和 finalT，并返回 *NN。

6.4.5 前馈

现在，对神经网络的工作原理已有大概了解，接下来编写前向传播函数。在此记为 Predict，因为要预测，只需前向执行函数：

```go
func (nn *NN) Predict(a tensor.Tensor) (int, error) {
  if a.Dims() != 1 {
    return -1, errors.New("Expected a vector")
  }

  var m maybe
  hidden := m.do(func() (tensor.Tensor, error) { return
nn.hidden.MatVecMul(a) })
  act0 := m.do(func() (tensor.Tensor, error) { return hidden.Apply(sigmoid,
```

```
tensor.UseUnsafe()) })

  final := m.do(func() (tensor.Tensor, error) { return
tensor.MatVecMul(nn.final, act0) })
  pred := m.do(func() (tensor.Tensor, error) { return final.Apply(sigmoid,
tensor.UseUnsafe()) })

  if m.err != nil {
    return -1, m.err
  }
  return argmax(pred.Data().([]float64)), nil
}
```

除了一些控制结构之外，这非常简单直观。首先需要说明的是 tensor 软件包的 API 在某种意义上是很有表现力的，因为可允许用户以多种方式执行相同操作，尽管使用不同类型的签名。简单来说，模式如下：

- tensor.BINARYOPERATION(a, b tensor.Tensor, opts ...tensor.FuncOpt) (tensor.Tensor, error)
- tensor.UNARYOPERATION(a tensor.Tensor, opts ...tensor.FuncOpt)(tensor.Tensor, error)
- (a *tensor.Dense) BINARYOPERATION (b *tensor.Dense, opts ...tensor.FuncOpt) (*tensor.Dense, error)
- (a *tensor.Dense) UNARYOPERATION(opts ...tensor.FuncOpt) (*tensor.Dense, error)

需要注意的是，软件包层次的操作（tensor. Add、tensor. Sub 等）是接受一个或多个 tensor. Tensor，并返回 tensor. Tensor 和错误。适合于 tensor. Tensor 接口的方式有多种，tensor 软件包提供了两种适合于该接口的结构类型：

- *tensor. Dense：密集排列张量的一种表示。
- *tensor. CS：一种数据以压缩稀疏列/行格式排列的稀疏排列张量的内存高效表示方法。

在大多数情况下，最常用的 tensor. Tensor 类型是*tensor. Dense。*tensor. CS 数据结构仅用于特定算法的具体内存约束优化。在本章中，不再讨论*tensor. CS 类型。

除了软件包层次操作之外，每种特定类型还具有各自实现方法。*tensor. Dense 的方法（. Add(...)、. Sub(...) 等）是接受一个或多个*tensor. Dense 并返回*tensor. Dense 和误差。

6.4.6　基于maybe类型进行错误处理

经过上述大致介绍之后，现在讨论 maybe 类型。

可能已经注意到，几乎所有操作都会返回一个错误。实际上，很少有函数和方法不返回错误。原因很简单：大多数错误实际上都是可恢复的，并且具有适当的恢复策略。

但是，对于本例项目，错误恢复策略是，在主函数中将错误置顶，其中调用一个

log. Fatal 并在调试时检查错误。

为此，定义 maybe 类型如下：

```
type maybe struct {
  err error
}

func (m *maybe) do(fn func() (tensor.Tensor, error)) tensor.Tensor {
  if m.err != nil {
    return nil
  }

  var retVal tensor.Tensor
  if retVal, m.err = fn(); m.err == nil {
    return retVal
  }
  m.err = errors.WithStack(m.err)
  return nil
}
```

通过这种方式，就能够处理任何函数，只要是封装在一个闭包中。

为什么要这样操作呢？我并不喜欢这种结构。只是将其作为一个炫酷技巧教给学生，从此以后，学生就认为所生成的代码要比下列代码块更易理解：

```
if foo, err := bar(); err != nil {
  return err
}
```

完全可以理解这种观点。在我看来，这种结构在原型开发阶段最有用，特别是在不清楚何时何地处理错误时（在本例中，尽早返回）。在函数结束时仍保留返回的错误是非常有用的。但在实际应用的代码中，还是希望尽可能明确地说明错误处理策略。

这可通过将公共函数调用抽象为方法来进一步增强。例如，在前述代码段中两次出现 m. do(func() (tensor. Tensor, error)｜return hidden. Apply(sigmoid, tensor. UseUnsafe())｝)这一行。如果要在保持结构基本完整的同时优先考虑可理解性，可通过创建一个新方法将其抽象化：

```
func (m *maybe) sigmoid(a tensor.Tensor) (retVal tensor.Tensor){
  if m.err != nil {
    return nil
  }
  if retVal, m.err = a.Apply(sigmoid); m.err == nil {
    return retVal
  }
  m.err = errors.WithStack(m.err)
  return nil
}
```

这时，只需调用 m. sigmoid(hidden) 即可。这是程序员常采用的一种错误处理策略。记住，作为一名程序员，期望能够编程实现！

6.4.7　前馈函数说明

完成上述操作之后，接下来逐行分析前馈函数。

首先，回顾 6.1.1 节，可以定义一个神经网络如下：

```
func affine(weights [][]float64, inputs []float64) []float64 {
    return activation(matVecMul(weights, inputs))
}
```

作为计算隐层的第一部分，首先进行第一个矩阵乘法：hidden：= m. do (func ( ) (tensor. Tensor, error) ｛ return nn. hidden. MatVecMul(a)) ｝)。其中，使用 MatVecMul 是因为要实现一个矩阵乘以一个向量。

然后执行计算隐层的第二部分：act0：= m. do(func( ) (tensor. Tensor, error) ｛ return hidden. Apply(sigmoid, tensor. UseUnsafe( )) ｝)。同样，tensor. UseUnsafe ( ) 参数是用于告知函数无需分配新的张量。这样，就成功地计算出了隐层。

对输出层重复上述两个步骤，并得到一个独热向量。注意，在第一步中，使用了 tensor. MatVecMul(nn. final, act0) 而不是 nn. final. MatVecMul(act0)。这是为了表明这两个函数实际上是相同的，只是取不同的类型（方法是取具体的类型，而软件包函数是取抽象的数据类型）。除此之外，在功能上是相同的。

> (i) 注意，为何 affine 函数易于理解，而其他函数难以理解呢？通过 6.4.6 节，是否能想出一种编写方法，使之与 affine 函数一样易于理解。
>
> 是否有一种方法可以将函数抽象成类似于 affine 的函数，从而可只调用一个函数而不重复执行？

在返回结果之前，还需要执行检查操作，以判断执行步骤中是否存在错误。设想一下可能会发生什么错误。根据我的经验，主要是与字形相关的错误。在本例项目中，出现字形错误就视为识别失败，从而返回一个 nil 结果和错误。

必须检查上述错误的原因是在于使用了 pred。如果 pred 为 nil（如果之前发生了错误，则为 nil），则尝试访问 . data( )函数将会造成严重错误。

总之，在检查后，调用 .data( )方法，该方法会将原始数据作为一个平面切片返回。由于是 interface ｛｝ 类型，所以在进一步检查数据之前，必须先将其转换成 [ ] float64 型。因为结果是一个向量，所以在数据排列上与 [ ] float64 没有什么不同，从而可以直接在该结果上调用 argmax。

argmax 只返回切片中最大值的索引。定义如下：

```
func affine(weights [][]float64, inputs []float64) []float64 {
    return activation(matVecMul(weights, inputs))
}
```

综上，成功地编写了一个神经网络的前馈函数。

6.4.8　成本

在编写完一个相当简单的前馈函数之后，现在分析如何使得神经网络进行学习。

回顾之前曾讨论过，在告知神经网络输出结果错误时，神经网络就会进行学习。从技术上来讲，会提出这样一个问题：可以应用什么样的成本函数，以便能够准确地告知神经网络应输出什么值。

在本例项目中采用的成本函数是误差平方和。什么是误差？误差就是实际值和预测值之差。这是否意味着如果实际值是 7，而神经网络预测值是 2，则成本就是 7 - 2？不对。这是因为不应该将标签当作数字。这是标签。

那么应该减去什么呢？还记得之前创建的独热向量吗？如果仔细观察 Predict 函数，即可看到 pred，最终激活的结果是 10 个 float64 型的切片，这就是需要相减的内容。由于都是 10 个 float64 型的切片，所以必须按元素依次相减。

仅仅减去这些切片没什么意义，结果可能是负数。设想任务是确定一种产品最低的可能成本。如果有人声称其产品的成本为负数，即会付钱以供使用，你难道会不用吗？为了避免这种情况，需要对误差取平方。

要计算误差平方和，只需对结果求平方。因为每次训练神经网络只提供一幅图像，因此总和就是该图像的平方误差。

6.4.9　反向传播

关于成本的章节内容有些少，但这是有原因的。此外，还有一个问题：并不打算计算整个成本函数，主要是因为对于本例项目不需要。成本与反向传播的概念密切相关。接下来，讨论一些数学技巧。

已知成本是误差平方和，可表示为

$$\text{cost} = (y - \text{pred})^2$$

尽管接下来的描述貌似在投机取巧，但其实这是一种有效方法。成本对预测求导，可得

$$\frac{\delta \text{cost}}{\delta \text{pred}} = 2(y - \text{pred})$$

为简化起见，将成本重新定义为

$$\text{cost} = \frac{1}{2}(y - \text{pred})^2$$

这对寻找最低成本的过程没有任何影响。想想看，比如说最高成本和最低成本。即便乘以 1/2，但结果的变化并不会改变最低成本仍低于最高成本的事实。花点时间思考一下，就明白了乘以一个常数不会影响求解过程。

对 sigmoid 函数求导，可得

$$\frac{\mathrm{d}\sigma(x)}{\mathrm{d}x} = \sigma(x)(1 - \sigma(x))$$

由此，可以推导出成本函数关于权重矩阵的导数。下一章将介绍如何计算完整的反向传

播。现在，代码如下：

```
// 反向传播
outputErrors := m.do(func() (tensor.Tensor, error) { return tensor.Sub(y,
pred) })
cost = sum(outputErrors.Data().([]float64))
hidErrs := m.do(func() (tensor.Tensor, error) {
  if err := nn.final.T(); err != nil {
    return nil, err
  }
  defer nn.final.UT()
  return tensor.MatMul(nn.final, outputErrors)
})

if m.err != nil {
  return 0, m.err
}

dpred := m.do(func() (tensor.Tensor, error) { return pred.Apply(dsigmoid,
tensor.UseUnsafe()) })
m.do(func() (tensor.Tensor, error) { return tensor.Mul(pred,
outputErrors, tensor.UseUnsafe()) })
// m.do(func() (tensor.Tensor, error) { err := act0.T(); return act0, err
})
dpred_dfinal := m.do(func() (tensor.Tensor, error) {
  if err := act0.T(); err != nil {
    return nil, err
  }
  defer act0.UT()
  return tensor.MatMul(outputErrors, act0)
})

dact0 := m.do(func() (tensor.Tensor, error) { return act0.Apply(dsigmoid)
})
m.do(func() (tensor.Tensor, error) { return tensor.Mul(hidErrs, dact0,
tensor.UseUnsafe()) })
m.do(func() (tensor.Tensor, error) { err :=
hidErrs.Reshape(hidErrs.Shape()[0], 1); return hidErrs, err })
// m.do(func() (tensor.Tensor, error) { err := x.T(); return x, err })
dcost_dhidden := m.do(func() (tensor.Tensor, error) {
  if err := x.T(); err != nil {
    return nil, err
  }
  defer x.UT()
  return tensor.MatMul(hidErrs, x)
})
```

由此可得，成本对输入矩阵的导数。

求导的目的是将导数作为梯度来更新输入矩阵。为此，采用一种简单的梯度下降算法，只需将梯度值添加到输入值上。但是又不想添加全部梯度值。因为如果这样操作，且初值非常接近于最小值时，就会产生超调。因此需要将梯度乘以一个称为学习速率的较小值：

```
    // 梯度更新
    m.do(func() (tensor.Tensor, error) { return tensor.Mul(dcost_dfinal,
learnRate, tensor.UseUnsafe()) })
    m.do(func() (tensor.Tensor, error) { return tensor.Mul(dcost_dhidden,
learnRate, tensor.UseUnsafe()) })
    m.do(func() (tensor.Tensor, error) { return tensor.Add(nn.final,
dcost_dfinal, tensor.UseUnsafe()) })
    m.do(func() (tensor.Tensor, error) { return tensor.Add(nn.hidden,
dcost_dhidden, tensor.UseUnsafe()) })
```

这样，整个训练函数如下：

```
// X 为图像，Y 为独热向量
func (nn *NN) Train(x, y tensor.Tensor, learnRate float64) (cost float64,
err error) {
    // 预测
    var m maybe
    m.do(func() (tensor.Tensor, error) { err := x.Reshape(x.Shape()[0], 1);
return x, err })
    m.do(func() (tensor.Tensor, error) { err := y.Reshape(10, 1); return y,
err })

    hidden := m.do(func() (tensor.Tensor, error) { return
tensor.MatMul(nn.hidden, x) })
    act0 := m.do(func() (tensor.Tensor, error) { return hidden.Apply(sigmoid,
tensor.UseUnsafe()) })

    final := m.do(func() (tensor.Tensor, error) { return
tensor.MatMul(nn.final, act0) })
    pred := m.do(func() (tensor.Tensor, error) { return final.Apply(sigmoid,
tensor.UseUnsafe()) })
    // log.Printf("pred %v, correct %v", argmax(pred.Data().([]float64)),
argmax(y.Data().([]float64)))

    // 反向传播
    outputErrors := m.do(func() (tensor.Tensor, error) { return tensor.Sub(y,
pred) })
    cost = sum(outputErrors.Data().([]float64))

    hidErrs := m.do(func() (tensor.Tensor, error) {
        if err := nn.final.T(); err != nil {
            return nil, err
        }
        defer nn.final.UT()
        return tensor.MatMul(nn.final, outputErrors)
    })

    if m.err != nil {
        return 0, m.err
    }

    dpred := m.do(func() (tensor.Tensor, error) { return pred.Apply(dsigmoid,
tensor.UseUnsafe()) })
    m.do(func() (tensor.Tensor, error) { return tensor.Mul(pred,
```

```
outputErrors, tensor.UseUnsafe()) })
  // m.do(func() (tensor.Tensor, error) { err := act0.T(); return act0, err
})
  dpred_dfinal := m.do(func() (tensor.Tensor, error) {
    if err := act0.T(); err != nil {
      return nil, err
    }
    defer act0.UT()
    return tensor.MatMul(outputErrors, act0)
  })

  dact0 := m.do(func() (tensor.Tensor, error) { return act0.Apply(dsigmoid)
})
  m.do(func() (tensor.Tensor, error) { return tensor.Mul(hidErrs, dact0,
tensor.UseUnsafe()) })
  m.do(func() (tensor.Tensor, error) { err :=
hidErrs.Reshape(hidErrs.Shape()[0], 1); return hidErrs, err })
  // m.do(func() (tensor.Tensor, error) { err := x.T(); return x, err })
  dcost_dhidden := m.do(func() (tensor.Tensor, error) {
    if err := x.T(); err != nil {
      return nil, err
    }
    defer x.UT()
    return tensor.MatMul(hidErrs, x)
  })

  // 梯度更新
  m.do(func() (tensor.Tensor, error) { return tensor.Mul(dcost_dfinal,
learnRate, tensor.UseUnsafe()) })
  m.do(func() (tensor.Tensor, error) { return tensor.Mul(dcost_dhidden,
learnRate, tensor.UseUnsafe()) })
  m.do(func() (tensor.Tensor, error) { return tensor.Add(nn.final,
dcost_dfinal, tensor.UseUnsafe()) })
  m.do(func() (tensor.Tensor, error) { return tensor.Add(nn.hidden,
dcost_dhidden, tensor.UseUnsafe()) })
  return cost, m.err
```

值得注意的是

- Predict 方法部分在 Train 方法中多次执行。
- 多次调用 tensor. UseUnsafe( ) 函数参数。

若扩展到深度神经网络，这将是一个痛点。因此，在下一章中，将探讨这些问题的可能解决方案。

6.5 神经网络训练

到目前为止，主函数如下：

```
func main() {
  imgs, err := readImageFile(os.Open("train-images-idx3-ubyte"))
  if err != nil {
    log.Fatal(err)
```

```
  }
  labels, err := readLabelFile(os.Open("train-labels-idx1-ubyte"))
  if err != nil {
    log.Fatal(err)
  }

  log.Printf("len imgs %d", len(imgs))
  data := prepareX(imgs)
  lbl := prepareY(labels)
  visualize(data, 10, 10, "image.png")

  data2, err := zca(data)
  if err != nil {
    log.Fatal(err)
  }
  visualize(data2, 10, 10, "image2.png")

  nat, err := native.MatrixF64(data2.(*tensor.Dense))
  if err != nil {
    log.Fatal(err)
  }

  log.Printf("Start Training")
  nn := New(784, 100, 10)
  costs := make([]float64, 0, data2.Shape()[0])
  for e := 0; e < 5; e++ {
    data2Shape := data2.Shape()
    var oneimg, onelabel tensor.Tensor
    for i := 0; i < data2Shape[0]; i++ {
      if oneimg, err = data2.Slice(makeRS(i, i+1)); err != nil {
        log.Fatalf("Unable to slice one image %d", i)
      }
      if onelabel, err = lbl.Slice(makeRS(i, i+1)); err != nil {
        log.Fatalf("Unable to slice one label %d", i)
      }
      var cost float64
      if cost, err = nn.Train(oneimg, onelabel, 0.1); err != nil {
        log.Fatalf("Training error: %+v", err)
      }
      costs = append(costs, cost)
    }
    log.Printf("%d\t%v", e, avg(costs))
    shuffleX(nat)
    costs = costs[:0]
  }
  log.Printf("End training")
}
```

具体步骤大致如下：

1）加载图像文件。

2）加载标签文件。

3）将图像文件转换为 *tensor. Dense。

4）将标签文件转换为 * tensor. Dense。

5）可视化 100 幅图像。

6）对图像执行 ZCA 以白化图像。

7）可视化白化后的图像。

8）为数据集创建一个本地迭代器。

9）创建一个隐层具有 100 个神经元的神经网络。

10）生成成本切片。这样可以跟踪随时间变化的平均成本。

11）在每个 epoch 中，将输入分割成单个图像切片。

12）在每个 epoch 中，将输出标签分割成单个切片。

13）在每个 epoch 中，调用学习速率为 0.1 的 nn. Train( ) 函数，并以分割后的单个图像和单个标签作为训练样本。

14）训练五个 epoch。

那么如何确定神经网络训练完成了呢？一种方法是监控成本。如果神经网络正在学习，那么随着时间推移平均成本将会下降。当然，可能会有一些波动，但总体来看，最终成本不会高于程序初始运行时的成本。

6.6　交叉验证

另一种测试神经网络是否完成学习的方法是交叉验证。神经网络可以很好地学习训练数据，本质上是靠记忆哪些像素集合会产生特定的标签。然而，为了检验机器学习算法的通用性，需要向神经网络提供一些之前从未见过的数据。

实现上述目标的代码如下：

```
log.Printf("Start testing")
testImgs, err := readImageFile(os.Open("t10k-images.idx3-ubyte"))
if err != nil {
  log.Fatal(err)
}

testlabels, err := readLabelFile(os.Open("t10k-labels.idx1-ubyte"))
if err != nil {
  log.Fatal(err)
}

testData := prepareX(testImgs)
testLbl := prepareY(testlabels)
shape := testData.Shape()
testData2, err := zca(testData)
if err != nil {
  log.Fatal(err)
}

visualize(testData, 10, 10, "testData.png")
visualize(testData2, 10, 10, "testData2.png")
```

```
var correct, total float64
var oneimg, onelabel tensor.Tensor
var predicted, errcount int
for i := 0; i < shape[0]; i++ {
  if oneimg, err = testData.Slice(makeRS(i, i+1)); err != nil {
    log.Fatalf("Unable to slice one image %d", i)
  }
  if onelabel, err = testLbl.Slice(makeRS(i, i+1)); err != nil {

    log.Fatalf("Unable to slice one label %d", i)
  }
  if predicted, err = nn.Predict(oneimg); err != nil {
    log.Fatalf("Failed to predict %d", i)
  }

  label := argmax(onelabel.Data().([]float64))
  if predicted == label {
    correct++
  } else if errcount < 5 {
    visualize(oneimg, 1, 1, fmt.Sprintf("%d_%d_%d.png", i, label,
predicted))
    errcount++
  }
  total++
}
  fmt.Printf("Correct/Totals: %v/%v = %1.3f\n", correct, total,
correct/total)
```

注意，这些代码在很大程度上与之前 main 函数中的相同。唯一的例外是，不是调用 nn. Train，而是调用 nn. Predict，然后检查标签是否与预测的相同。

以下是可调节的参数：

运行（需要 6.5min），并调节各种参数后，可得如下结果：

```
$ go build . -o chapter7
 $ ./chapter7
 Corerct/Totals: 9719/10000 = 0.972
```

一个简单的三层神经网络就可达到97%的准确率！当然，这并不是当前最先进的技术水平。下一章将构建一个可高达99. ××%的神经网络，但这需要较大的思维转变。

(i) 训练神经网络很花费时间。所以保存神经网络的结果通常是明智的。*tensor. Dense 类型实现了 gob. GobEncoder 和 gob. GobDecoder，为了将神经网络保存到磁盘上，只需保存权重（nn. hidden 和 nn. final）。另一个难题是，为这些权重矩阵编写一个 gob 编码器，并实现保存/加载功能。

此外，观察一些错误分类的情况。在上述代码中，下列代码段得出了五个错误预测：

```
    if predicted == label {
      correct++
    } else if errcount < 5 {
      visualize(oneimg, 1, 1, fmt.Sprintf("%d_%d_%d.png", i, label,
predicted))
      errcount++
    }
```

结果是

对于第一幅图像，神经网络将其分类为 0，而真实值是 6。正如所见，这是一个非常容易犯的错误。第二幅图像显示的是 2，而神经网络将其分类为 4。尽管可能会觉得看起来的确有点像 4。最后，如果你是美国读者，很可能知道 Palmer 手写体。如果是这样，我敢打赌你可能会将最后一幅图像中的内容看作 7，而不是 2，这也正是神经网络预测的。不幸的是，真正的标签是 2。有些人的笔迹确实很糟糕。

6.7　小结

本章介绍了如何编写一个具有单隐层的简单神经网络，该神经网络性能良好。在此过程中，还介绍了如何执行 ZCA 白化，以便处理数据。当然，使用这个模型也有一些困难，在编码之前，必须先手工计算导数。

关键的一点是，一个简单的神经网络可以实现很多功能！虽然本书代码更符合 Gorgonia 中的张量库情况，但其实原理是完全相同的，即使是使用 Gonum 中的 mat 库。事实上，Gorgonia 的张量库是利用了 Gonum 中的矩阵乘法库。

在下一章中，将重新讨论神经网络的概念，实现针对同一数据集获得 99% 的准确率，但是必须转变实现神经网络的思维方式。在此建议重温 6.2 节，以便更好地理解。

第7章
卷积神经网络——MNIST
手写体识别

在上一章中，假设了一个场景，作为一名邮递员，试图识别笔迹。在这个过程中，最终构建了一个基于 Gorgonia 的神经网络。本章将分析同样的场景，但是增强了神经网络的概念，并编写了一个更先进的神经网络，直到现在，这仍是最先进的。

具体来说，在本章中，将构建一个卷积神经网络（CNN）。CNN 是近年来非常流行的一种深度学习网络。

7.1 有关神经元的一切认识都是错误的

在上一章中，提到了所知道的关于神经网络的一切都是错误的。在这里，再次重申这一说法。大多数关于神经网络的文献都是自始至终与生物神经元进行比较。这就导致读者经常认为神经网络就是生物神经元。需要说明的一点是，人工神经网络与生物学领域中具有相同名字的神经元完全不相关。

另外，在上一章中，花了大量篇幅来介绍线性代数，并阐述了问题的关键在于几乎可以将任何机器学习（ML）问题都表示为线性代数问题。在本章仍是如此。

我更倾向于将人工神经网络看作是数学方程，而不是将其与实际的神经网络进行类比。由激活函数引入的非线性与线性相结合，可使得人工神经网络能够逼近任何函数。

7.2 回顾神经网络

从根本上理解神经网络其实是数学表达式，将会使得神经网络的实现更为简单易行。回顾上一章，神经网络的描述如下：

```
func affine(weights [][]float64, inputs []float64) []float64 {
  return activation(matVecMul(weights, inputs))
}
```

如果将上述代码表示为数学方程，那么神经网络可表示为

$$act = \sigma(w'x + b)$$

 附注：$w'x$ 等同于 wx。

151

直接在 Gorgonia 下编程为

```
import (
  G "gorgonia.org/gorgonia"
)

var Float tensor.Float = tensor.Float64
func main() {
  g := G.NewGraph()
  x := G.NewMatrix(g, Float, G.WithName("x"), G.WithShape(N, 728))
  w := G.NewMatrix(g, Float, G.WithName("w"), G.WithShape(728, 800),
      G.WithInit(G.Uniform(1.0)))
  b := G.NewMatrix(g, Float, G.WithName("b"), G.WithShape(N, 800),
      G.WithInit(G.Zeroes()))
  xw, _ := G.Mul(x, w)
  xwb, _ := G.Add(xw, b)
  act, _ := G.Sigmoid(xwb)

  w2 := G.NewMatrix(g, Float, G.WithName("w2"), G.WithShape(800, 10),
        G.WithInit(G.Uniform(1.0)))
  b2 := G.NewMatrix(g, Float, G.WithName("b2"), G.WithShape(N, 10),
        G.WithInit(G.Zeroes()))
  xw2, _ := G.Mul(act, w2)
  xwb2, _ := G.Add(xw2, b2)
  sm, _ := G.SoftMax(xwb2)
}
```

以上代码就是对下图所示的神经网络的一种表示：

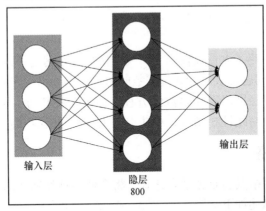

其中，中间层由 800 个隐含神经元组成。

当然，上述代码还隐藏了很多细节。不敢相信，不到 20 行的代码就能实现神经网络吧？要真正理解这些代码，需要简单地了解一下什么是 Gorgonia。

7.2.1　Gorgonia

Gorgonia 是一个提供了专门用于处理深度学习的数学表达式原语的软件库。在处理一个与机器学习相关的项目时，将会开始重新审视客观世界，并不断质疑曾经的一些假设。这是一个好现象。

看到下列数学表达式时，会有什么想法呢：

$$1 + 1 = 5$$

你应该会立即想到这是错误的。为什么大脑会这么认为？

这主要是因为大脑对该数学表达式进行了评估。一般来说，表达式有三个部分：等式左侧，等号和等式右侧。大脑分别评估了每一部分，最后得出该表达式为假。

在观察数学表达式时，人们会在大脑中自动评估那些认为是理所当然的表达式。在 Gorgonia 中，我们认为理所当然的事情也应该是明确的。使用 Gorgonia 的过程通常有两个通用部分：定义表达式和评估表达式。

作为一名程序员，可以认为第一部分是编写程序，而第二部分是运行程序。

在 Gorgonia 中描述一个神经网络时，想象是用另一种编程语言（专门用于构建神经网络的编程语言）来编写程序通常是很有启发性的。这是因为 Gorgonia 中所用的模式与新的编程语言没有什么不同。事实上，Gorgonia 正是基于这是一种没有语法前端的编程语言的思想而创建的。因此，在本节中，会经常要求想象用另一种类似于 Go 语言的语言来编写。

1. 为什么

一个好问题通常是问为什么？为什么要特意强调执行过程的区分？毕竟，前述代码可以重写为上一章的 Predict 函数：

```go
func (nn *NN) Predict(a tensor.Tensor) (int, error) {
  if a.Dims() != 1 {
    return nil, errors.New("Expected a vector")
  }

  var m maybe
  act0 := m.sigmoid(m.matVecMul(nn.hidden, a))
  pred := m.sigmoid(m.matVecMul(nn.final, act0))
  if m.err != nil {
    return -1, m.err
  }
  return argmax(pred.Data().([]float64)), nil
}
```

其中，定义了 Go 语言中的神经网络，并在运行 Go 语言代码时，神经网络按照定义执行。我们面临的问题是，是否需要引入分解神经网络定义并运行的思想？在编写 Train 方法时已发现该问题。

是否还记得，在上一章中，曾提到编写 Train 方法需要复制和粘贴 Predict 方法中的代码。为加深印象，下面给出 Train 方法的实现程序：

```go
// X是图像，Y是独热向量
func (nn *NN) Train(x, y tensor.Tensor, learnRate float64) (cost float64,
err error) {
  // 预测
  var m maybe
  m.reshape(x, s.Shape()[0], 1)
  m.reshape(y, 10, 1)
  act0 := m.sigmoid(m.matmul(nn.hidden, x))
  pred := m.sigmoid(m.matmul(nn.final, act0))
```

```
// 反向传播
outputErrors := m.sub(y, pred)
cost = sum(outputErrors.Data().([]float64))

hidErrs := m.do(func() (tensor.Tensor, error) {
  if err := nn.final.T(); err != nil {
    return nil, err
  }
  defer nn.final.UT()
  return tensor.MatMul(nn.final, outputErrors)
})
dpred := m.mul(m.dsigmoid(pred), outputErrors, tensor.UseUnsafe())
dpred_dfinal := m.dmatmul(outputErrors, act0){
  if err := act0.T(); err != nil {
    return nil, err
  }
  defer act0.UT()
  return tensor.MatMul(outputErrors, act0)
})

m.reshape(m.mul(hidErrs, m.dsigmoid(act0), tensor.UseUnsafe()),
          hidErrs.Shape()[0], 1)
dcost_dhidden := m.do(func() (tensor.Tensor, error) {
  if err := x.T(); err != nil {
    return nil, err
  }
  defer x.UT()
  return tensor.MatMul(hidErrs, x)
})

// 梯度更新
m.mul(dpred_dfinal, learnRate, tensor.UseUnsafe())
m.mul(dcost_dhidden, learnRate, tensor.UseUnsafe())
m.add(nn.final, dpred_dfinal, tensor.UseUnsafe())
m.add(nn.hidden, dcost_dhidden, tensor.UseUnsafe())
return cost, m.err
}
```

接下来通过一个重构练习来重点分析该问题。先不考虑机器学习，而是从软件工程的角度出发，分析该如何重构 Train 和 Predict 方法，即使是在概念上。在 Train 方法中可知，需要访问 act0 和 pred，以便反向传播误差。其中 Predict act0 和 pred 是终端值（即在函数返回后不能再使用这些值），而在 Train 中，则不是终端值。

为此，创建了一个新方法，称之为 fwd 函数：

```
func (nn *NN) fwd(x tensor.Tensor) (act0, pred tensor.Tensor, err error) {
  var m maybe
  m.reshape(x, s.Shape()[0], 1)
  act0 := m.sigmoid(m.matmul(nn.hidden, x))
  pred := m.sigmoid(m.matmul(nn.final, act0))
  return act0, pred, m.err
}
```

同时，也可以重构 Predict 方法如下：

```
func (nn *NN) Predict(a tensor.Tensor) (int, error) {
  if a.Dims() != 1 {
    return nil, errors.New("Expected a vector")
  }

  var err error
  var pred tensor.Tensor
  if _, pred, err = nn.fwd(a); err!= nil {
    return -1, err
  }
  return argmax(pred.Data().([]float64)), nil
}
```

以及 Train 方法如下：

```
// X 是图像，Y 是独热向量
func (nn *NN) Train(x, y tensor.Tensor, learnRate float64) (cost float64,
err error) {

// 预测
var act0, pred tensor.Tensor
if act0, pred, err = nn.fwd(); err != nil {
  return math.Inf(1), err
}

var m maybe
m.reshape(y, 10, 1)
// 反向传播
outputErrors := m.sub(y, pred))
cost = sum(outputErrors.Data().([]float64))

hidErrs := m.do(func() (tensor.Tensor, error) {
  if err := nn.final.T(); err != nil {
    return nil, err
  }
  defer nn.final.UT()
  return tensor.MatMul(nn.final, outputErrors)
})
dpred := m.mul(m.dsigmoid(pred), outputErrors, tensor.UseUnsafe())
dpred_dfinal := m.dmatmul(outputErrors, act0) {
  if err := act0.T(); err != nil {
    return nil, err
  }
  defer act0.UT()
  return tensor.MatMul(outputErrors, act0)
})

m.reshape(m.mul(hidErrs, m.dsigmoid(act0), tensor.UseUnsafe()),
              hidErrs.Shape()[0], 1)
dcost_dhidden := m.do(func() (tensor.Tensor, error) {
  if err := x.T(); err != nil {
    return nil, err
  }
  defer x.UT()
```

```
    return tensor.MatMul(hidErrs, x)
})

// 梯度更新
m.mul(dpred_dfinal, learnRate, tensor.UseUnsafe())
m.mul(dcost_dhidden, learnRate, tensor.UseUnsafe())
m.add(nn.final, dpred_dfinal, tensor.UseUnsafe())
m.add(nn.hidden, dcost_dhidden, tensor.UseUnsafe())
return cost, m.err
}
```

这看起来更好。现在到底是在做什么？正在编程。正在将一种形式的语法重新排列成另一种语法形式，但并没有改变语义，即程序的意义。重构程序与预重构程序具有完全相同的作用。

2. 程序设计

这时，你可能会自言自语。程序的意义究竟是什么？这是一个令人深思的话题，涉及一个称为同伦算法的数学分支。但是对于本章的实际意图和目的，在此将程序的意义定义为程序的扩展定义。如果两个程序经编译并运行，取完全相同的输入，且每次返回的输出结果完全相同，则称这两个程序是等效的。

以下是两个等效的程序：

程序 A	程序 B
fmt.Println("Hello World")	fmt.Printf("Hello " + "World\n")

如果特意将这两个程序可视化为一个抽象语法树（AST），则会发现略有不同：

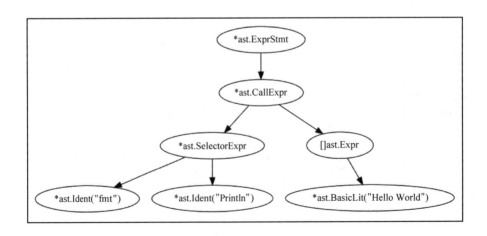

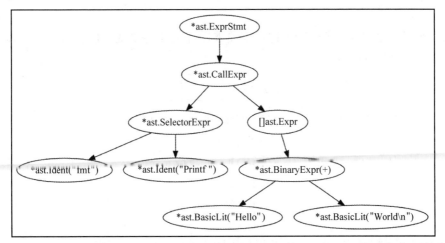

上述两个程序的语法不同，但语义相同。这时可通过去除"＋"，而将程序 B 重构为程序 A。

但需注意此处的具体操作：选择一个程序并将其表示为 AST。通过语法，操纵该 AST。这就是编程的本质。

3. 什么是张量？——第二部分

在上一章中，特意强调了张量的概念。但介绍得较为简单。如果用谷歌搜索什么是张量，会得到相互矛盾而令人困惑的结果。在此，我不想再增添困惑。相反，只是以一种与本例项目相关的方式来简单介绍张量，在某种程度上，这非常像典型的欧几里得几何教科书中介绍一个点的概念：通过用例而不言而喻。

同样，在此也通过用例来阐述张量的概念。首先，回顾一下乘法概念：

- 首先，定义一个向量：$x = [2\ 3]$。可用下图表示：

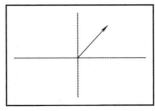

- 接下来，将该向量乘以一个标量值：2。结果如下：

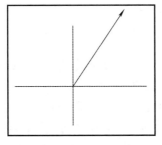

观察可得以下两点：

- 箭头的大致方向不会改变。
- 只有长度变化。在物理学术语中，这称为量级。如果向量表示行进的距离，则此时将沿同一方向行进了两倍的距离。

那么，如何只通过乘法来改变方向？需要乘以什么才能改变方向？以下列矩阵为例，称之为 *T*，这是一个变换矩阵：

$$T = \begin{bmatrix} -1 & 2 \\ 3 & -4 \end{bmatrix}$$

现在，如果将该变换矩阵与向量相乘，则可得以下结果：

$$Tx = T \cdot x$$
$$= \begin{bmatrix} -1 & 2 \\ 3 & -4 \end{bmatrix} \begin{bmatrix} 2 \\ 3 \end{bmatrix}$$
$$= \begin{bmatrix} 4 \\ -6 \end{bmatrix}$$

若绘制初始向量和最终向量，则结果如下图所示：

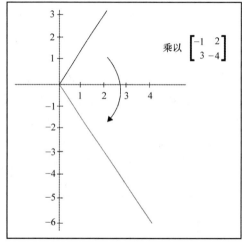

由图可知，方向已发生改变。同时，大小也发生了变化。

这时你可能会认为，这不就是线性代数 101 吗？是的，的确是。但要真正理解张量，还必须学习如何构造张量。刚刚的矩阵其实是一个秩为 2 的张量。秩为 2 的张量准确地应称为并矢张量。

ℹ 为何要混合命名约定？这里有一个趣事。在编写最早版本的 Gorgonia 时，我也是绞尽脑汁地思考计算机科学应采用的命名惯例，这也是 Bjarne Stroustrup 所感叹的事实。秩为 2 的张量的规范名称为并矢（dyad）张量，但也可表示为矩阵。一直以来都在想办法正确命名。毕竟，名称中有力量的含义，那么命名就应能体现能量之意。

在开发最早版本的 Gorgonia 的同时，正在追剧一部名为 *Orphan Black* 的最佳 BBC 电视剧，其中 Dyad 研究所是电视剧主角的主要敌人。他们非常邪恶，这显然在我脑海中留下了深刻影响。因此决定这样命名。不过现在回想起来，似乎这是一个相当愚蠢的决定。

现在考虑并矢张量的变换问题。可以将并矢张量看作是一个向量 u 乘以一个向量 v。可以等式形式表示为

$$T = uv$$
$$u = ???$$
$$v = ???$$

对此，你可能已熟悉上一章的线性代数概念。应该会想到，如果两个向量相乘，那最终会得到一个标量值吗？如果是这样，如何实现两个向量相乘得到一个矩阵呢？

在这里，需要介绍一种新的乘法类型：外积（相比之下，上一章中介绍的乘法是内积）。符号 $\otimes$ 表示外积。

具体而言，外积，也称为并矢运算，定义如下：

$$u \otimes v = u \cdot v^{T}$$

$$= \begin{bmatrix} u_1 \\ u_2 \end{bmatrix} \cdot \begin{bmatrix} v_1 & v_2 \end{bmatrix}$$

$$= \begin{bmatrix} u_1 v_1 & u_1 v_2 \\ u_2 v_1 & u_2 v_2 \end{bmatrix}$$

在本章中，对具体的 u 和 v 不是特别关注。然而，张量的主要作用是能够从其构成的向量中构造一个并矢张量。

具体来说，可用 uv 替换 T：

$$Tx = T \cdot x$$
$$= uv \cdot x$$
$$= u\ (v \cdot x)$$
$$= u\lambda$$
$$= \lambda u$$

现在，可知 λ 表示标量大小变化，而 u 表示方向变化。

那么张量的主要作用是什么？有两个。

首先，扩展由向量构造并矢张量的概念。可以通过张量积 uvw 构成三阶张量，由张量积 $uvwx$ 构成四阶张量，以此类推。从而当看到与张量相关的形状时，就提供了一个非常有用的思路。

张量所提供的一种有效思维模式是，一个向量就好比一个清单列表，一个并矢张量就像是一个向量列表，而一个三阶张量是一个并矢张量列表，依此类推。这对于图像理解非常有用，正如上一章中所述：

一幅图像可看作是一个（28，28）矩阵。十幅图像则会形成（10，28，28）。如果要以这样的方式排列图像，即一组由十幅图像组成的列表，则形式为（10，10，28，28）。

当然，这样也会产生一个警告：张量只能在存在变换的情况下定义。正如一位物理学教授曾经告诫的那样：张量变换后仍是一个张量。没有经过任何变换的张量只是一个 n 维数据数组。在一个等式中，数据必须从张量变换成张量。在这方面，我认为 TensorFlow 的命名恰

如其分。

> **TIP** 有关张量的更多信息，推荐介绍相对详细的由 Kostrikin 编著的教科书 Linear Algebra and Geometry（我尚未读完此书，但它提供了对张量的深入理解）。有关张量流的更多信息可参阅 Spivak 的 *Manifold Calculus* 一书。

4. 所有表达式都是图

现在，返回到前面的示例。

应该还记得，问题是必须两次应用神经网络：一次用于预测，一次用于学习。然后，又重构了程序，以便不必两次应用网络。另外，还必须手动写出反向传播的表达式。但这很容易出错，特别是在处理本章所要构建的较大规模神经网络时。有没有更好的办法呢？答案是肯定的。

一旦理解并完全消化神经网络本质上是数学表达式这一概念，就可以根据张量进行学习，并建立神经网络模型，其中整个神经网络就是一个张量流。

回顾上述内容，张量只能在存在变换的情况下定义。那么，任何与用于保存数据的数据结构一起使用的张量变换操作也都是张量。此外，回顾一下计算机程序可以表示为抽象语法树。而数学表达式可以表示为程序。因此，数学表达式也可以表示为抽象语法树。

然而，更准确的表述应是，数学表达式可以表示为一个图，具体而言是一个有向无环图，称之为表达式图。

树与图的区别很重要。树不能共享节点。但图可以。例如，以下列数学表达式为例：

$$y = abc + abd$$

图和树的表示分别如下：

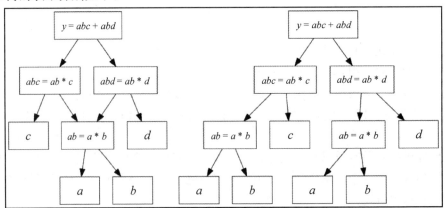

左侧是一个有向无环图，右侧是一个树。注意，在数学表达式的树变体中，有重复节点。两者的根节点都是 $y = abc + abd$。箭头的含义是"依赖于"。根节点 $y = abc + abd$ 依赖于另外两个节点：$abc = ab * c$ 和 $abd = ab * d$，以此类推。

当然，图和树都是同一数学表达式的有效征。

为何要将数学表达式表示为图或树呢？这是由于抽象语法树其实是表示一种计算。如果由图或树表示的数学表达式具有相同的计算概念，那么也可表示一个抽象语法树。

实际上，可以获取图或树中的每个节点，并对其进行计算。如果每个节点都表示一种计算，则从逻辑上可认为节点越少意味着计算越快（以及内存使用越少）。因此，更倾向于用有向无环图表示。

将数学表达式由图表示的主要好处是，易于微分计算。

根据上一章的内容可知，反向传播本质上是成本对输入求导。一旦计算得到梯度，就可以用来更新其本身的权重值。有了图结构，就不必编写反向传播部分。相反，如果有一个虚拟机，可以从叶子节点开始一直到根节点来执行图，则虚拟机可随着从叶子到根遍历该图自动计算微分值。

或者，如果不想进行自动微分，也可以通过操作图来执行符号微分，正如在前面"2. 程序设计"中通过添加和合并节点来操纵 AST 一样。

通过这种方式，现在就可以将神经网络的结构变换为

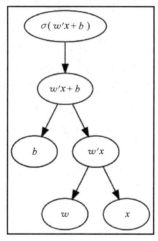

7.2.2 构建一个神经网络

现在，返回编写神经网络程序的任务，并考虑用图来表示数学表达式。具体代码如下：

```
import (
  G "gorgonia.org/gorgonia"
)

var Float tensor.Float = tensor.Float64
func main() {
  g := G.NewGraph()
  x := G.NewMatrix(g, Float, G.WithName("x"), G.WithShape(N, 728))
  w := G.NewMatrix(g, Float, G.WithName("w"), G.WithShape(728, 800),
                   G.WithInit(G.Uniform(1.0)))
  b := G.NewMatrix(g, Float, G.WithName("b"), G.WithShape(N, 800),
                   G.WithInit(G.Zeroes()))
  xw, _ := G.Mul(x, w)
```

```
    xwb, _ := G.Add(xw, b)
    act, _ := G.Sigmoid(xwb)

    w2 := G.NewMatrix(g, Float, G.WithName("w2"), G.WithShape(800, 10),
                    G.WithInit(G.Uniform(1.0)))
    b2 := G.NewMatrix(g, Float, G.WithName("b2"), G.WithShape(N, 10),
                    G.WithInit(G.Zeroes()))
    xw2, _ := G.Mul(act, w2)
    xwb2, _ := G.Add(xw2, b2)
    sm, _ := G.SoftMax(xwb2)
}
```

接下来，分析一下上述代码。

首先，利用 g：= G. NewGraph（）创建一个新的表达式图。表达式图是一个保存数学表达式的对象。为什么要使用表达式图？表征神经网络的数学表达式是包含在* gorgo-nia. ExpressionGraph 对象中。

数学表达式只有在使用变量时才有意义。1 + 1 = 2 是一个没有任何意义的表达式，因为对该表达式不能执行太多操作。唯一能做的就是评估该表达式，判断是返回 true 还是 false。相比之下，$a + 1 = 2$ 则稍微有一些意义。但同样，a 只能是 1。

但是，若考虑表达式 $a + b = 2$，由于包含两个变量，则该表达式就变得很有意义。a 和 b 的取值彼此相关，且 a 和 b 的取值存在于整个范围内的一对数字。

已知神经网络中的每一层都是一个数学表达式：$act = \sigma (w'x + b)$。其中，w、x 和 b 都是变量。因此需要进行构建。注意，在这种情况下，Gorgonia 将其看作是编程语言中的变量：必须告知系统这些变量表示的是什么。

在 Go 语言中，可以通过输入 var x Foo 来实现，这是用于告知 Go 语言编译器 x 应是一个 Foo 类型。在 Gorgonia 中，使用 NewMatrix、NewVector、NewScalar 和 NewTensor 来声明数学变量。x：= G. NewMatrix（g，Float，G. WithName，G. WithShape（N，728））是指 x 是表达式图 g 中一个名为 x 的矩阵，且形式为（N，728）。

在这里，读者可能会发现 728 这一数字非常熟悉。事实上，这是表明 x 代表输入，即 N 幅图像。因此，x 是一个 N 行矩阵，其中每行表示一幅图像（728 个浮点数）。

细心的读者还会注意到 w 和 b 都有附加项，而 x 的变量声明没有。可见，NewMatrix 只是在表达式图中声明了变量。而没有与之关联的值。这就使得为变量取值时非常灵活。但是，对于权重矩阵，是希望在等式执行时具有初始值。G. WithInit（G. Uniform （1.0）） 是一个构造项，目的是用均匀分布中的值来填充权重矩阵，且增益为 1.0。若是用另一种专用于构建神经网络的语言进行编码，则可能是 var w Matrix（728，800）= Uniform （1.0）。

接下来，直接写出数学表达式：xw 是指 x 和 w 之间的矩阵乘法，即 xw, _: = G. Mul（x，w）。在此需要澄清的是，我们只是描述了可能应该进行的计算。但还没有实际计算。这样的话，就与编写程序没有什么不同。编写代码并不等于运行程序。

G. Mul 和 Gorgonia 中的大多数操作都会返回错误。在本例项目中，忽略了 x 和 w 符号相乘可能产生的任何错误。简单乘法会出现什么问题？由于是处理矩阵相乘，因此矩阵形式必须维度匹配。一个（N，728）的矩阵只能与（728，M）的矩阵相乘，才能得到（N，M）矩阵。如果第 2 个矩阵不是 728 行，则会产生错误。因此，在实际应用的代码中，错误处理是一个 must 函数。

关于 must 函数，Gorgonia 提供了一个名为 G. Must 的效用函数。由标准库中的文本/模板库和 html /模板库可知，G. Must 函数在错误产生时发生混乱。在使用时只需输入 xw：= G. Must(G. Mul(x， w))。

在输入与权重相乘后，通过执行 G. Add(xw， b) 来添加偏差。同样，可能也会产生错误，但在本例中，忽略了错误检查。

最后，得到结果并执行非线性 sigmoid 函数，即 G. Sigmoid(xwb)。这时，就完成了一层的计算。按照上述执行，结果形式应是（N，800)。

然后计算得到的这一层作为下一层的输入。下一层与第一层的布局类似，只是不是使用非线性 sigmoid 函数，而是使用 G. SoftMax 函数。这样可确保生成的结果矩阵中每一行之和均为 1。

独热向量

并非巧合，或许最后一层的形式为（N，10)。N 是指输入图像的数量（从 x 中可得），这是很直观的。另外，这也意味着输入与输出之间具有清晰的映射。需要考虑的是 10。为什么是 10 呢? 简而言之，就是想要预测 10 种可能的数字 – 0、1、2、3、4、5、6、7、8、9：

	0	1	2	3... 9
0	0.1	0.1	0.2	...*
1				
2				
⋮				
N				

上图是一个示例的结果矩阵。已知使用 G. SoftMax 是为了确保每行总和为 1。因此，可以将某行某列中的数字解释为预测的特定数字的概率。要确定所要预测的数字，只需找出每列中的最大概率。

在上一章中，介绍了独热矢量编码的概念。简单来说，就是取一个标签切片并返回一个矩阵。

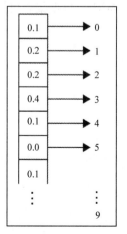

现在，这显然是一个编码问题。难道第 0 列必须代表 0？当然可以采用下图所示的一个完全无规律的编码方式，而神经网络仍可以正常工作：

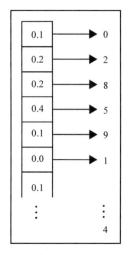

当然，我们不会采用这样的编码方案，这是产生编程错误的主要原因。相反，会选用独热向量的标准编码机制。

希望这能让你体会到表达式图的功能多么强大。另外，还有一个尚未涉及的内容就是图的执行。该如何执行图呢？这将在下一节中进一步探讨。

7.3 项目

完成上述所有操作，就要开始分析具体项目了！在此，同样是识别手写体数字。但这一次，是构建一个 CNN。不仅仅是使用 Gorgonia 的张量包，而是使用 Gorgonia 的全部。

同样，要安装 Gorgonia，只需运行 go get -u gorgonia.org/gorgonia 和 go get -u gorgonia.org/tensor。

7.3.1 数据获取

所用的数据与上一章相同，都是 MNIST 数据集。可以在本章的资源库中找到，同时利用在上一章中编写的函数来获取数据：

```go
// 图像数据中包含了一幅图像的像素强度
// 255 代表前景(黑色)，0 代表背景(白色)
type RawImage []byte

// 标签是 0～9 的数字
type Label uint8


const numLabels = 10
const pixelRange = 255
const (
  imageMagic = 0x00000803
  labelMagic = 0x00000801
```

```
  Width = 28
  Height = 28
)


func readLabelFile(r io.Reader, e error) (labels []Label, err error) {
  if e != nil {
    return nil, e
  }

  var magic, n int32
  if err = binary.Read(r, binary.BigEndian, &magic); err != nil {
    return nil, err
  }
  if magic != labelMagic {
    return nil, os.ErrInvalid
  }
  if err = binary.Read(r, binary.BigEndian, &n); err != nil {
    return nil, err
  }
  labels = make([]Label, n)
  for i := 0; i < int(n); i++ {
    var l Label
    if err := binary.Read(r, binary.BigEndian, &l); err != nil {
      return nil, err
    }
    labels[i] = l
  }
  return labels, nil
}


func readImageFile(r io.Reader, e error) (imgs []RawImage, err error) {
  if e != nil {
    return nil, e
  }

  var magic, n, nrow, ncol int32
  if err = binary.Read(r, binary.BigEndian, &magic); err != nil {
    return nil, err
  }
  if magic != imageMagic {
    return nil, err /*os.ErrInvalid*/
  }
  if err = binary.Read(r, binary.BigEndian, &n); err != nil {
    return nil, err
  }
  if err = binary.Read(r, binary.BigEndian, &nrow); err != nil {
    return nil, err

  }
  if err = binary.Read(r, binary.BigEndian, &ncol); err != nil {
    return nil, err
```

```
    }
    imgs = make([]RawImage, n)
    m := int(nrow * ncol)
    for i := 0; i < int(n); i++ {
        imgs[i] = make(RawImage, m)
        m_, err := io.ReadFull(r, imgs[i])
        if err != nil {
            return nil, err
        }
        if m_ != int(m) {
            return nil, os.ErrInvalid
        }
    }
} return imgs, nil
```

7.3.2 上一章的其他内容

显然，上一章的很多内容可以重用：

- 距离归一化函数（pixelWeight）及其对应的等距函数（reversePixelWeight）

- prepareX 和 prepareY

- visualize 函数

为了方便起见，同样是

```
func pixelWeight(px byte) float64 {
    retVal := (float64(px) / 255 * 0.999) + 0.001
    if retVal == 1.0 {
        return 0.999
    }
    return retVal
}
func reversePixelWeight(px float64) byte {
    return byte(((px - 0.001) / 0.999) * 255)
}
func prepareX(M []RawImage) (retVal tensor.Tensor) {
    rows := len(M)
    cols := len(M[0])

    b := make([]float64, 0, rows*cols)
    for i := 0; i < rows; i++ {
        for j := 0; j < len(M[i]); j++ {
            b = append(b, pixelWeight(M[i][j]))
        }
    }
    return tensor.New(tensor.WithShape(rows, cols), tensor.WithBacking(b))
}
func prepareY(N []Label) (retVal tensor.Tensor) {
    rows := len(N)
    cols := 10

    b := make([]float64, 0, rows*cols)
    for i := 0; i < rows; i++ {
        for j := 0; j < 10; j++ {
```

```
                if j == int(N[i]) {
                    b = append(b, 0.999)
                } else {
                    b = append(b, 0.001)
                }
            }
        }
    return tensor.New(tensor.WithShape(rows, cols), tensor.WithBacking(b))
}
func visualize(data tensor.Tensor, rows, cols int, filename string) (err
error) {
    N := rows * cols

    sliced := data
    if N > 1 {
        sliced, err = data.Slice(makeRS(0, N), nil) // data[0:N, :] in
python
        if err != nil {
            return err
        }
    }
    if err = sliced.Reshape(rows, cols, 28, 28); err != nil {
        return err
    }

    imCols := 28 * cols
    imRows := 28 * rows
    rect := image.Rect(0, 0, imCols, imRows)
    canvas := image.NewGray(rect)

    for i := 0; i < cols; i++ {
        for j := 0; j < rows; j++ {
            var patch tensor.Tensor
            if patch, err = sliced.Slice(makeRS(i, i+1), makeRS(j,
                                        j+1)); err != nil {
                return err
            }

            patchData := patch.Data().([]float64)
            for k, px := range patchData {
                x := j*28 + k%28
                y := i*28 + k/28
                c := color.Gray{reversePixelWeight(px)}
                canvas.Set(x, y, c)
            }
        }
    }
    var f io.WriteCloser
    if f, err = os.Create(filename); err != nil {
        return err
    }

    if err = png.Encode(f, canvas); err != nil {
```

7.4 CNN 简介

在此要构建的是一个 CNN。那么，什么是 CNN？顾名思义，是一个神经网络，但与上一章中所构建的神经网络不同。显然，有些部分相似。还有一些不同部分，如果完全相似，也就不会有本章了。

7.4.1 什么是卷积

在上一章中构建的神经网络与 CNN 之间的主要区别在于卷积层。已知神经网络能够学习与数字相关的特征。为了更加准确，神经网络中的层还需要学习更具体的特征。一种实现方法是增加更多的层，层数越多将学习更多的特征，从而产生深度学习。

在 1877 年春天的一个晚上，人们身着现代称为燕尾服的服装在伦敦皇家学院聚会。当晚的演讲人是高尔顿，正是在第 1 章中提到的高尔顿。在演讲过程中，高尔顿拿出一个称为"梅花机"的奇怪装置。这是一个垂直木板，上面均匀交错排列着一些木楔。正面罩着玻璃，顶部开口。然后从顶部掉落小球，当小球碰到木楔时，向左或向右弹起，并落到相应的槽中。直到所有的球都汇集在底部：

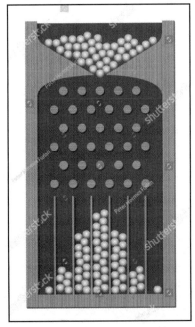

最后形成一种奇特的形状。这就是现代统计学家认为的二项式分布形态。大多数统计学教科书都讲到此为止。梅花机，现在称为高尔顿板，非常清晰直观地阐述了中心极限定理概念。

当然，故事并没有就此结束。回顾在第 1 章中提到高尔顿对遗传问题非常感兴趣。早在这次演讲的几年前，高尔顿出版了一本名为 *Hereditary Genius* 的书。其中收集了过去几个世纪中一些英国名人的数据资料，不过令人感到沮丧的是，他发现杰出的父母往往会培养出默默无闻的子女。这种现象称之为回归平庸：

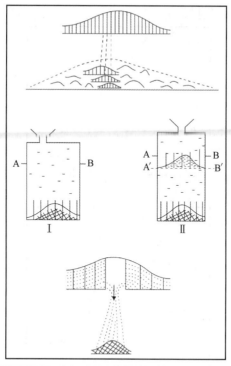

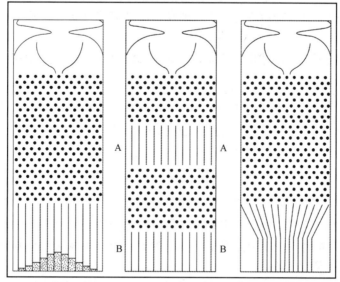

　　然而，他推断，数学中并不会出现这种现象！他通过两层梅花机来进行解释。两层梅花机代表了代际效应。顶层梅花机基本上是一个特征分布（例如，高度）。在落到第二层时，小球分布变平，这并不是他所观察到的。相反，推测一定有另一个因素导致回归到均值。为了验证这一想法，安装了滑槽作为控制因素，这就导致回归到平均值。40 年后，孟德尔的豌豆实验重新发现并揭示了遗传因素。这不是本书讨论的重点。

我们真正感兴趣的是为什么分布会变平。尽管可以回答这是物理原因造成的，但还存在一些值得探究的问题。首先简化描述为

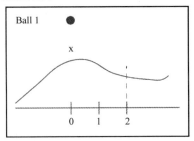

在这里，评估小球落下并击中某个位置的概率。曲线显示了小球落在位置 B（图中 2）的概率。现在，再增加第二层：

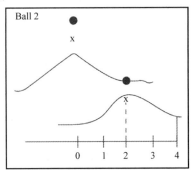

假设从上一层开始，小球落在位置 B。现在，小球最终静止在位置 D（图中 4）的概率是多少？

要计算该值，需要已知小球可以停止在位置 D 的所有可能方式。选项仅限于 A ~ D，具体如下：

第一层位置	第一层水平距离	第二层位置	第二层水平距离
A	0	D	3
B	1	D	2
C	2	D	1
D	3	D	0

现在以概率大小来考虑。表中的水平距离是一种允许从概率和一般的角度考虑问题的编码。小球沿水平方向移动一个单位的概率可表示为 $P(1)$，小球沿水平方向移动两个单位的概率表示为 $P(2)$，依此类推。

计算小球经过两层后停止在位置 D 的概率实际上就是所有概率之和：

$P(停止在位置 D) = P(0) \cdot P(3) + P(1) \cdot P(2) + P(2) \cdot P(1) + P(3) \cdot P(0)$

可表示为

$$P(c = a + b) = \sum P_1(a) \cdot P_2(b)$$

可以认为最终距离为 $c = a + b$ 的概率是第一层的概率 $P_1(a)$，其中小球水平运动了

a 与第二层的概率 $P_2(b)$，小球水平运动了 b 的概率之和。

这就是典型的卷积定义：

$$(f*g)(t) = \int f(\tau) \cdot g(t-\tau)\mathrm{d}\tau$$

如果觉得积分较为麻烦，可以将其等效地重写为求和运算（这只在考虑离散值时有效；而对于连续实数值，则必须使用积分）：

$$(f*g)(t) = \sum f(\tau) \cdot g(t-\tau)$$

现在，如果仔细观察，发现这个等式与之前的概率方程非常类似。在此将 b 替换为 $c-a$，可得

$$P(c) = \sum P_1(a) \cdot P_2(c-a)$$

除了函数之外，概率还可表示什么？在此将概率写成 $P(a)$ 的格式是有原因的。的确可以将概率方程泛化到卷积定义。

不过，现在先强化一下什么是卷积的直观印象。为此，继续坚持函数有概率这一概念。首先，应该注意到小球在特定位置停止的概率取决于其开始的位置。但如果第二层平台水平移动，那么会是什么情况：

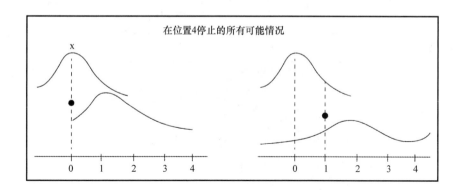

现在，小球最终停止位置的概率很大程度取决于其起始位置，以及第二层的起始位置。球甚至可能没有落在底部！

因此，这是一个理解卷积的好方法：就好像一层中的一个函数滑过另一个函数。

所以，卷积是导致高尔顿梅花机变平的主要原因。从本质上讲，卷积是一个在概率函数上滑动的函数，当沿着水平维度移动时将会变平。这是一维卷积，小球只沿一个方向运动。

二维卷积类似于一维卷积，只不过对于每层需要考虑两种距离或度量：

$$P(c = (b_1, b_2)) = \sum P_1(a_1, a_2) \cdot P_2(b_1, b_2)$$

但上述方程很难理解。相反，下面是一组逐步展示卷积是如何工作的图：

卷积（第 1 步）：

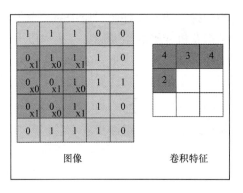

卷积（第 2 步）：

卷积（第 3 步）：

卷积（第 4 步）：

卷积（第 5 步）：

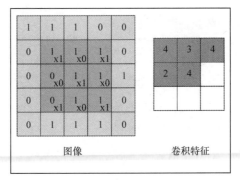

卷积（第 6 步）：

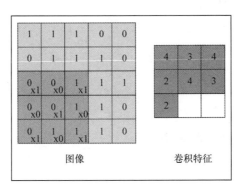

卷积（第 7 步）：

卷积（第 8 步）：

卷积（第 9 步）：

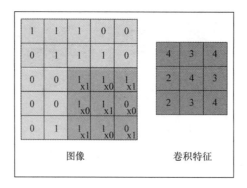

图像   卷积特征

同理，可以将其看作是在二维上另一个函数（输入）上滑动一个函数。滑动的函数执行先乘后加的标准线性代数变换。

这可以在一个非常常见的图像处理示例（Instagram）中观察上述执行过程。

1. Instagram 滤波器的工作原理

假设你已熟悉 Instagram。如果不熟悉，也无所谓。Instagram 的作用是，这是一个照片共享服务，亮点在于可允许用户对图像进行过滤。滤波器会改变图像的颜色，通常是为了增强主题。

这些滤波器是如何工作的？通过卷积！

例如，定义一个滤波器如下：

$$k = \begin{bmatrix} \dfrac{1}{16} & \dfrac{1}{8} & \dfrac{1}{16} \\[2mm] \dfrac{1}{8} & \dfrac{1}{4} & \dfrac{1}{8} \\[2mm] \dfrac{1}{16} & \dfrac{1}{8} & \dfrac{1}{16} \end{bmatrix}$$

为了进行卷积，只需将滤波器滑过下图（这是名为 Piet Chew 的艺术家的一幅非常著名的艺术作品）：

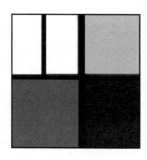

应用上述滤波器，可得

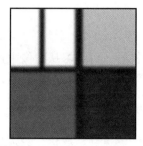

是的，滤波器使得图像变得模糊！

以下是一个 Go 语言编写的示例，以强调这一思想：

```
func main() {
  kb := []float64{
    1 / 16.0, 1 / 8.0, 1 / 16.0,
    1 / 8.0, 1 / 4.0, 1 / 8.0,
    1 / 16.0, 1 / 8.0, 1 / 16.0,
  }
  k := tensor.New(tensor.WithShape(3,3), tensor.WithBacking(kb))

  for _, row := range imgIt {
    for j, px := range row {
      var acc float64

      for _, krow := range kIt {
        for _, kpx := range krow {
          acc += px * kpx
        }
      }
      row[j] = acc
    }
  }
}
```

当然，这个函数执行得很慢且效率很低。Gorgonia 本身提供了一个更为复杂的算法。

2. 返回神经网络

好的，现在已了解卷积在滤波器应用中非常重要。但这和神经网络有什么关系呢？

已知神经网络是定义为一个施加非线性（记为 $\sigma(w'x+b)$）的线性变换（$w'x+b$）。注意，输入图像 x 是作为一个整体执行。这就如同在整幅图像上应用了一个滤波器。但是，如果一次仅处理一小部分图像该如何操作呢？

除此之外，前面展示了如何使用简单的滤波器来模糊图像。当然，滤波器还可用于锐化图像，选择重要特征并模糊不重要的特征。那么，机器如何学习创建合适的滤波器呢？

这就是要在神经网络中采用卷积的原因：

- 卷积每次只作用于图像中的一小部分，只保留重要特征。
- 可以学习特定的滤波器。

这为机器提供了许多微调控制方法。现在，可以构建多种滤波器，且每个滤波器都专门针对一个特定特征，从而便于提取数字分类所需的特征，而不是构建一个同时处理整幅图像的粗糙特征检测器。

7.4.2 最大池化

现在，脑海中已有了一个概念机器，可学习从图像中提取特征所需的滤波器。但是，与此同时，又不希望机器过学习。在实际应用中，过于针对训练数据的滤波器没什么用处。例如，如果一个滤波器已学习到所有人脸都有两只眼睛、一个鼻子和一张嘴，仅此而已，那么就不能对一幅半张脸模糊的人像照片进行正确分类。

因此，为了使得机器学习算法能够更好地泛化，只需提供较少的信息。最大池化就是这样一个过程，退出也同样如此（参见 7.4.3 节）。

最大池化的工作原理是将输入数据分割成互不重叠的区域，并找出该区域的最大值：

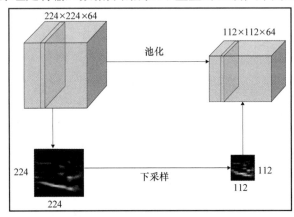

当然，一种隐含的信息是这肯定会改变输出的形状。事实上，你会发现图像缩小了。

7.4.3 退出

最大池化后所得到的结果是输出中的最少信息。但这仍可能存在太多的信息，机器仍可能过拟合。因此，出现了一个非常尴尬的情况：如果一些激活函数被随机归零怎么办？

这就是退出的基础。思想非常简单，即对信息产生不利影响，从而提高机器学习算法的泛化能力。每次迭代时，随机激活都归零。这迫使算法只能学习真正重要的内容。具体是如何实现的，会涉及结构代数，这不是本章的重点。

针对本例项目，Gorgonia 实际上是通过随机生成矩阵按元素乘以 1 或 0 来处理退出。

7.5 构建一个 CNN

尽管如此，神经网络还是很容易构建的。首先，定义一个神经网络如下：

```
type convnet struct {
    g                    *gorgonia.ExprGraph
    w0, w1, w2, w3, w4 *gorgonia.Node  // 权重，后面的数字表示用于哪一层
    d0, d1, d2, d3     float64         // 退出概率

    out    *gorgonia.Node
    outVal gorgonia.Value
}
```

在这里，定义了一个四层神经网络。convnet 层在很大程度上类似于线性层。例如，可表示如下：

$$DropOut(MaxPool(\sigma(w * x)))$$

注意，在这个特定示例中，认为退出和最大池化都属于同一层。在许多文献中，认为两者是分别独立的层。

我认为不必将其看作单独的一层。毕竟，所有这一切都是一个数学表达式，自然而然会组成一个函数。

没有结构的数学表达式本身没有什么意义。遗憾的是，现在还没有一种能够直接定义数据类型结构的方法（现在热门的是依赖类型语言，如 Idris，但尚未达到深度学习所需的可用性或性能水平）。相反，还必须通过提供一个定义 convnet 的函数来约束数据结构：

```go
func newConvNet(g *gorgonia.ExprGraph) *convnet {
  w0 := gorgonia.NewTensor(g, dt, 4, gorgonia.WithShape(32, 1, 3, 3),
                 gorgonia.WithName("w0"),
                 gorgonia.WithInit(gorgonia.GlorotN(1.0)))
  w1 := gorgonia.NewTensor(g, dt, 4, gorgonia.WithShape(64, 32, 3, 3),
                 gorgonia.WithName("w1"),
                 gorgonia.WithInit(gorgonia.GlorotN(1.0)))
  w2 := gorgonia.NewTensor(g, dt, 4, gorgonia.WithShape(128, 64, 3, 3),
                 gorgonia.WithName("w2"),
                 gorgonia.WithInit(gorgonia.GlorotN(1.0)))
  w3 := gorgonia.NewMatrix(g, dt, gorgonia.WithShape(128*3*3, 625),
                 gorgonia.WithName("w3"),
                 gorgonia.WithInit(gorgonia.GlorotN(1.0)))
  w4 := gorgonia.NewMatrix(g, dt, gorgonia.WithShape(625, 10),
                 gorgonia.WithName("w4"),
                 gorgonia.WithInit(gorgonia.GlorotN(1.0)))
  return &convnet{
    g: g,
    w0: w0,
    w1: w1,
    w2: w2,
    w3: w3,
    w4: w4,

    d0: 0.2,
    d1: 0.2,
    d2: 0.2,
    d3: 0.55,
  }
}
```

首先，从 dt 开始分析。这本质上是一个全局变量，用于表示要处理的数据类型。在本例项目中，可以使用 var dt = tensor. Float64 来表明希望在整个项目中使用 float64 型。这样就可以直接重用上一章中的函数，而无需处理不同的数据类型。注意，如果计划使用 float32 型，则计算速度会立即翻倍。在本章的资源库中，提供的是使用 float32 型的代码。

从 d0 开始一直到 d3。这很简单。对于前三层，希望 20% 的激活随机归零。但是对于最后一层，希望 55% 的激活随机归零。实际上从广义上讲，这会导致信息瓶颈，从而使得机器只学习真正重要的特征。

接下来，分析 w 0 是如何定义的。在此，w0 是指一个称为 w0 的变量。这是一个形状为 （32，1，3，3）的张量，通常称为批次数、通道数、高度、宽度（NCHW/BCHW）格式。简而言之，要学习的有 32 个滤波器，每个滤波器的高度和宽度为（3，3），且有一个颜色通道。毕竟，MNIST 是黑白图像。

> (i) BCHW 不是唯一的格式！一些深度学习框架更喜欢采用 BHWC 格式。选择一种格式而不选择另一种格式的原因完全是根据实际操作。一些卷积算法在 NCHW 中工作得较好，而有些在 BHWC 格式下工作得更好。Gorgonia 只能工作在 BCHW 格式下。

选择 3×3 滤波器没有任何根据，但会优先考虑。可以选择 5×5 滤波器，或者 2×1 滤波器，或者任何形状的滤波器。然而，必须指出的是，3×3 滤波器可能是最通用的滤波器，可以处理所有类型的图像。这类方形滤波器在图像处理算法中很常见，所以根据惯例选择了一个 3×3 的方形滤波器。

更高层的权重更重要。例如，w1 的形状为（64，32，3，3），为什么？为了搞清楚这一点，需要分析激活函数和形状之间的相互作用。以下是 convnet 的整个前向函数：

```
// 出于演示的考虑，本函数有些冗长。实际应用时，可将各层封装在一个层结构类型中，并激活各层
func (m *convnet) fwd(x *gorgonia.Node) (err error) {
    var c0, c1, c2, fc *gorgonia.Node
    var a0, a1, a2, a3 *gorgonia.Node
    var p0, p1, p2 *gorgonia.Node
    var l0, l1, l2, l3 *gorgonia.Node

    // 第0层
    // 在此，利用 stride = (1, 1) 和 padding = (1, 1)进行卷积运算，这是 convnet 的标准
       卷积
    if c0, err = gorgonia.Conv2d(x, m.w0, tensor.Shape{3, 3}, []int{1, 1},
[]int{1, 1}, []int{1, 1}); err != nil {
        return errors.Wrap(err, "Layer 0 Convolution failed")
    }
    if a0, err = gorgonia.Rectify(c0); err != nil {
        return errors.Wrap(err, "Layer 0 activation failed")
    }
    if p0, err = gorgonia.MaxPool2D(a0, tensor.Shape{2, 2}, []int{0, 0},
[]int{2, 2}); err != nil {
        return errors.Wrap(err, "Layer 0 Maxpooling failed")
    }
    if l0, err = gorgonia.Dropout(p0, m.d0); err != nil {
        return errors.Wrap(err, "Unable to apply a dropout")
    }

    // 第1层
    if c1, err = gorgonia.Conv2d(l0, m.w1, tensor.Shape{3, 3}, []int{1, 1},
[]int{1, 1}, []int{1, 1}); err != nil {
        return errors.Wrap(err, "Layer 1 Convolution failed")
    }
```

```go
    if a1, err = gorgonia.Rectify(c1); err != nil {
        return errors.Wrap(err, "Layer 1 activation failed")
    }
    if p1, err = gorgonia.MaxPool2D(a1, tensor.Shape{2, 2}, []int{0, 0},
[]int{2, 2}); err != nil {
        return errors.Wrap(err, "Layer 1 Maxpooling failed")
    }
    if l1, err = gorgonia.Dropout(p1, m.d1); err != nil {
        return errors.Wrap(err, "Unable to apply a dropout to layer 1")
    }

    // 第2层
    if c2, err = gorgonia.Conv2d(l1, m.w2, tensor.Shape{3, 3}, []int{1, 1},
[]int{1, 1}, []int{1, 1}); err != nil {
        return errors.Wrap(err, "Layer 2 Convolution failed")
    }
    if a2, err = gorgonia.Rectify(c2); err != nil {
        return errors.Wrap(err, "Layer 2 activation failed")
    }
    if p2, err = gorgonia.MaxPool2D(a2, tensor.Shape{2, 2}, []int{0, 0},
[]int{2, 2}); err != nil {
        return errors.Wrap(err, "Layer 2 Maxpooling failed")
    }
    log.Printf("p2 shape %v", p2.Shape())

    var r2 *gorgonia.Node
    b, c, h, w := p2.Shape()[0], p2.Shape()[1], p2.Shape()[2],
p2.Shape()[3]
    if r2, err = gorgonia.Reshape(p2, tensor.Shape{b, c * h * w}); err !=
nil {
        return errors.Wrap(err, "Unable to reshape layer 2")
    }
    log.Printf("r2 shape %v", r2.Shape())
    if l2, err = gorgonia.Dropout(r2, m.d2); err != nil {
        return errors.Wrap(err, "Unable to apply a dropout on layer 2")
    }

    // 第3层
    if fc, err = gorgonia.Mul(l2, m.w3); err != nil {
        return errors.Wrapf(err, "Unable to multiply l2 and w3")
    }
    if a3, err = gorgonia.Rectify(fc); err != nil {
        return errors.Wrapf(err, "Unable to activate fc")
    }
    if l3, err = gorgonia.Dropout(a3, m.d3); err != nil {
        return errors.Wrapf(err, "Unable to apply a dropout on layer 3")
    }

    // 输出解码
    var out *gorgonia.Node
    if out, err = gorgonia.Mul(l3, m.w4); err != nil {
        return errors.Wrapf(err, "Unable to multiply l3 and w4")
```

```
    }
    m.out, err = gorgonia.SoftMax(out)
    gorgonia.Read(m.out, &m.outVal)
    return
}
```

值得注意的是，卷积层确实改变了输入的形状。给定一个（N，1，28，28）的输入，Conv2d 函数将返回一个（N，32，28，28）的输出，这是因为现有 32 个滤波器。MaxPool2d 将返回一个形状为（N，32，14，14）的输出。注意，最大池化的目的是减少神经网络中的信息量。事实上，形状为（2，2）的最大池化能很好地将图像长度和宽度减半（即将信息量减少到 1/4）。

第 0 层的输出形状为（N，32，14，14）。如果按照之前关于形状的解释，则格式应是（N，C，H，W），这时我们会有些困惑。32 个通道意味着什么？为了回答这个问题，需要分析如何根据 BCHW 对彩色图像进行编码：

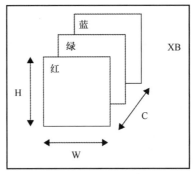

注意，在此将颜色编码为三个独立的层，相互层叠。这就提示了该如何考虑 32 个通道的问题。当然，这 32 个通道中的每一个通道都是分别应用 32 个滤波器的结果，也就是说，是提取的特征。当然，结果也可以相同的方式叠加到颜色通道。

然而，在大多数情况下，建立一个深度学习系统所需要的只是符号推动的行为，并不需要真正的智能。当然，这反映了中文房间思想实验，对此有很多想要表达的，尽管在此有点不合时宜。

更关键的部分是第 3 层的构造。第 1 层和第 2 层的构造与第 0 层非常相似，但第 3 层的构造略有不同。这是因为第 2 层的输出是一个秩为 4 的张量，但为了执行矩阵乘法，需要将其重新构造成一个秩为 2 的张量。

最后，执行输出解码的最后一层使用了 softmax 激活函数来确保得到的结果是概率。

现在就真正实现了一个 CNN，这是以一种非常简洁的方式编写的，不会混淆数学定义。

7.5.1　反向传播

对于 convnet 的学习，需要通过反向传播（传播误差）和梯度下降函数来更新权重矩阵。在 Gorgonia 中，实现相对简单，只需将这些操作在不影响可理解性的情况下包含在主函数中：

```go
func main() {
    flag.Parse()
    parseDtype()
    imgs, err := readImageFile(os.Open("train-images-idx3-ubyte"))
    if err != nil {
        log.Fatal(err)
    }
    labels, err := readLabelFile(os.Open("train-labels-idx1-ubyte"))
    if err != nil {
        log.Fatal(err)
    }

    inputs := prepareX(imgs)
    targets := prepareY(labels)

    // 数据位于 (numExamples, 784) 中
    // 要使用 convnet, 需要将数据转换成 (batchsize, numberOfChannels, height, width) 格式
    // 即转换成 (numExamples, 1, 28, 28) 形式
    //
    // 这是因为卷积运算符实际上已知高和宽
    //
    // 1 表示只有 1 个通道(MNIST 数据是黑白的 )

    numExamples := inputs.Shape()[0]
    bs := *batchsize

    if err := inputs.Reshape(numExamples, 1, 28, 28); err != nil {
        log.Fatal(err)

    }
    g := gorgonia.NewGraph()
    x := gorgonia.NewTensor(g, dt, 4, gorgonia.WithShape(bs, 1, 28, 28),
gorgonia.WithName("x"))
    y := gorgonia.NewMatrix(g, dt, gorgonia.WithShape(bs, 10),
gorgonia.WithName("y"))
    m := newConvNet(g)
    if err = m.fwd(x); err != nil {
        log.Fatalf("%+v", err)
    }
}
losses := gorgonia.Must(gorgonia.HadamardProd(m.out, y))
cost := gorgonia.Must(gorgonia.Mean(losses))
cost = gorgonia.Must(gorgonia.Neg(cost))

// 需要跟踪成本
var costVal gorgonia.Value
gorgonia.Read(cost, &costVal)

if _, err = gorgonia.Grad(cost, m.learnables()...); err != nil {
    log.Fatal(err)
}
}
```

对于误差，在此采用一个简单的交叉熵，将预期输出结果按元素相乘，然后对其求平均

值，具体实现如下列代码段所示：

```
losses := gorgonia.Must(gorgonia.HadamardProd(m.out, y))
cost := gorgonia.Must(gorgonia.Mean(losses))
cost = gorgonia.Must(gorgonia.Neg(cost))
```

接下来，直接调用 gorgonia. Grad(cost, m. learnables( )...)，该函数执行符号反向传播。你可能会问，什么是 m. learnables( )? 这只是希望机器学习的变量。定义如下：

```
func (m *convnet) learnables() gorgonia.Nodes {
    return gorgonia.Nodes{m.w0, m.w1, m.w2, m.w3, m.w4}
}
```

同样，这也很简单。

另外，需要注意的是 gorgonia. Read(cost, &costVal)。Read 函数是 Gorgonia 中较难理解的一个函数。但如果结构正确，就很容易理解。

在 7. 2. 2 节中，将 Gorgonia 比作另一种编程语言。如果是这样，那么 Read 函数就相当于 io. WriteFile。gorgonia. Read(cost, &costVal) 是指在评估数学表达式时，复制成本结果并将其存储在 costVal 中。这是非常必要的，因为这是在 Gorgonia 系统中评估数学表达式的方式。

> *为什么记为 Read 而不是 Write? 最初是将 Gorgonia 建模为非常单一的模型（是 Haskell 意义上的 monad），因此，是读取一个值。但经过三年之后，Read 就显得有些不恰当了。*

7.6 运行神经网络

注意，到目前为止，只是描述了需要执行的计算。神经网络实际上并不运行，这只是对神经网络的运行的一个简单描述。

在此需要能够评估数学表达式。为此，需要将表达式编译成一个可执行程序。下面是具体实现代码。

```
vm := gorgonia.NewTapeMachine(g,
    gorgonia.WithPrecompiled(prog, locMap),
    gorgonia.BindDualValues(m.learnables()...))
solver :=
gorgonia.NewRMSPropSolver(gorgonia.WithBatchSize(float64(bs)))
defer vm.Close()
```

严格来说，没有必要调用 gorgonia. Compile(g)。在此完全是出于演示的目的，以表明数学表达式确实可以编译成类似于汇编的程序。在实际应用系统中，经常写为 vm：= gorgonia. NewTapeMachine (g, gorgonia. BindDualValues (m. learnables( ) …))。

Gorgonia 中提供了两种 vm 类型，每种类型表示不同的计算模式。在本例项目中，只是使用 NewTapeMachine 来获得一个 * gorgonia. tapeMachine。创建 vm 的函数有许多参数，BindDualValues 参数只是将模型中每个变量的梯度绑定到变量本身。这样可使得梯度下降的计算量较少。

最后，注意 VM 是一种资源。应该将 VM 看作是一个外部 CPU，即一个计算资源。在使用外部资源之后最好将其关闭，幸运的是，Go 语言中有一个非常方便的清除处理方法：defer vm. Close( )。

在继续讨论梯度下降之前，先给出伪汇编形式的编译程序：

```
Instructions:
0 loadArg 0 (x) to CPU0
1 loadArg 1 (y) to CPU1
2 loadArg 2 (w0) to CPU2
3 loadArg 3 (w1) to CPU3
4 loadArg 4 (w2) to CPU4
5 loadArg 5 (w3) to CPU5
6 loadArg 6 (w4) to CPU6
7 im2col<(3,3), (1, 1), (1,1) (1, 1)> [CPU0] CPU7 false false false
8 Reshape(32, 9) [CPU2] CPU8 false false false
9 Reshape(78400, 9) [CPU7] CPU7 false true false
10 Alloc Matrix float64(78400, 32) CPU9
11 A × Bᵀ [CPU7 CPU8] CPU9 true false true
12 DoWork
13 Reshape(100, 28, 28, 32) [CPU9] CPU9 false true false
14 Aᵀ{0, 3, 1, 2} [CPU9] CPU9 false true false
15 const 0 [] CPU10 false false false
16 >= true [CPU9 CPU10] CPU11 false false false
17 ⊙ false [CPU9 CPU11] CPU9 false true false
18 MaxPool{100, 32, 28, 28}(kernel: (2, 2), pad: (0, 0), stride: (2,
                          2)) [CPU9] CPU12 false false false
19 0(0, 1) - (100, 32, 14, 14) [] CPU13 false false false
20 const 0.2 [] CPU14 false false false
21 > true [CPU13 CPU14] CPU15 false false false
22 ⊙ false [CPU12 CPU15] CPU12 false true false
23 const 5 [] CPU16 false false false
24 ÷ false [CPU12 CPU16] CPU12 false true false
25 im2col<(3,3), (1, 1), (1,1) (1, 1)> [CPU12] CPU17 false false false
26 Reshape(64, 288) [CPU3] CPU18 false false false
27 Reshape(19600, 288) [CPU17] CPU17 false true false
28 Alloc Matrix float64(19600, 64) CPU19
29 A × Bᵀ [CPU17 CPU18] CPU19 true false true
30 DoWork
31 Reshape(100, 14, 14, 64) [CPU19] CPU19 false true false
32 Aᵀ{0, 3, 1, 2} [CPU19] CPU19 false true false
33 >= true [CPU19 CPU10] CPU20 false false false
34 ⊙ false [CPU19 CPU20] CPU19 false true false
35 MaxPool{100, 64, 14, 14}(kernel: (2, 2), pad: (0, 0), stride: (2,
                          2)) [CPU19] CPU21 false false false
36 0(0, 1) - (100, 64, 7, 7) [] CPU22 false false false
37 > true [CPU22 CPU14] CPU23 false false false
38 ⊙ false [CPU21 CPU23] CPU21 false true false
39 ÷ false [CPU21 CPU16] CPU21 false true false
40 im2col<(3,3), (1, 1), (1,1) (1, 1)> [CPU21] CPU24 false false false
41 Reshape(128, 576) [CPU4] CPU25 false false false
42 Reshape(4900, 576) [CPU24] CPU24 false true false
43 Alloc Matrix float64(4900, 128) CPU26
44 A × Bᵀ [CPU24 CPU25] CPU26 true false true
```

```
45 DoWork
46 Reshape(100, 7, 7, 128) [CPU26] CPU26 false true false
47 Aᵀ{0, 3, 1, 2} [CPU26] CPU26 false true false
48 >= true [CPU26 CPU10] CPU27 false false false
49 ⊙ false [CPU26 CPU27] CPU26 false true false
50 MaxPool{100, 128, 7, 7}(kernel: (2, 2), pad: (0, 0), stride: (2,
                         2)) [CPU26] CPU28 false false false
51 Reshape(100, 1152) [CPU28] CPU28 false true false
52 0(0, 1) - (100, 1152) [] CPU29 false false false
53 > true [CPU29 CPU14] CPU30 false false false
54 ⊙ false [CPU28 CPU30] CPU28 false true false
55 ÷ false [CPU28 CPU16] CPU28 false true false
56 Alloc Matrix float64(100, 625) CPU31
57 A × B [CPU28 CPU5] CPU31 true false true
58 DoWork
59 >= true [CPU31 CPU10] CPU32 false false false
60 ⊙ false [CPU31 CPU32] CPU31 false true false
61 0(0, 1) - (100, 625) [] CPU33 false false false
62 const 0.55 [] CPU34 false false false
63 > true [CPU33 CPU34] CPU35 false false false
64 ⊙ false [CPU31 CPU35] CPU31 false true false
65 const 1.8181818181818181 [] CPU36 false false false
66 ÷ false [CPU31 CPU36] CPU31 false true false
67 Alloc Matrix float64(100, 10) CPU37
68 A × B [CPU31 CPU6] CPU37 true false true
69 DoWork
70 exp [CPU37] CPU37 false true false
71 Σ[1] [CPU37] CPU38 false false false
72 SizeOf=10 [CPU37] CPU39 false false false
73 Repeat[1] [CPU38 CPU39] CPU40 false false false
74 ÷ false [CPU37 CPU40] CPU37 false true false
75 ⊙ false [CPU37 CPU1] CPU37 false true false
76 Σ[0 1] [CPU37] CPU41 false false false
77 SizeOf=100 [CPU37] CPU42 false false false
78 SizeOf=10 [CPU37] CPU43 false false false
79 ⊙ false [CPU42 CPU43] CPU44 false false false
80 ÷ false [CPU41 CPU44] CPU45 false false false
81 neg [CPU45] CPU46 false false false
82 DoWork
83 Read CPU46 into 0xc43ca407d0
84 Free CPU0
Args: 11 | CPU Memories: 47 | GPU Memories: 0
CPU Mem: 133594448 | GPU Mem []
```

将这些程序输出显示可以对神经网络的复杂性有一个直观感受。在 84 条指令中，conv-net 是我见过的一个较为简单的程序。然而，其中也有一些计算量相当大的操作，这就表明每次运行大概需要多长时间。这个输出结果还大致表明需要占用多少字节的内存：133594448B，或 133MB。

现在是时候讨论梯度下降了。Gorgonia 中提供了许多梯度下降求解器。对于本例项目，将采用 RMSProp 算法。因此，通过调用 solver：= gorgonia. NewRMSPropSolver(gorgonia. With-BatchSize(float64(bs)))来创建求解器。由于要批量执行操作，因此需提供批量大小来校正求解器，以免求解器超调。

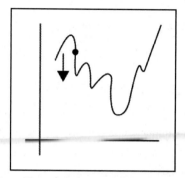

要运行神经网络，只需运行几个 epochs（作为参数输入到程序）：

```
batches := numExamples / bs
log.Printf("Batches %d", batches)
bar := pb.New(batches)
bar.SetRefreshRate(time.Second)
bar.SetMaxWidth(80)

for i := 0; i < *epochs; i++ {
    bar.Prefix(fmt.Sprintf("Epoch %d", i))
    bar.Set(0)
    bar.Start()
    for b := 0; b < batches; b++ {
        start := b * bs
        end := start + bs
        if start >= numExamples {
            break
        }
        if end > numExamples {
            end = numExamples
        }

        var xVal, yVal tensor.Tensor
        if xVal, err = inputs.Slice(sli{start, end}); err != nil {
        log.Fatal("Unable to slice x")
        }

        if yVal, err = targets.Slice(sli{start, end}); err != nil {
            log.Fatal("Unable to slice y")
        }
        if err = xVal.(*tensor.Dense).Reshape(bs, 1, 28, 28); err !=
nil {
            log.Fatalf("Unable to reshape %v", err)
        }

        gorgonia.Let(x, xVal)
        gorgonia.Let(y, yVal)
        if err = vm.RunAll(); err != nil {
            log.Fatalf("Failed at epoch  %d: %v", i, err)
        }
```

```
        solver.Step(gorgonia.NodesToValueGrads(m.learnables()))
        vm.Reset()
        bar.Increment()
    }
    log.Printf("Epoch %d | cost %v", i, costVal)
}
```

由于觉得有点奇怪，所以我决定添加一个进度条来跟踪程序进度。为此，使用 cheggaaa/pb. v1 作为绘制进度条的库函数。要安装该库，只需运行 go get gopkg. in/cheggaaa/pb. v1，而要运行该库，只需在导入中增加 import gopkg. in/cheggaaa/pb. v1。

其余的比较简单。从训练数据集中，分出一小部分（具体来说，是分出 bs 行）。因为程序是将秩为 4 的张量作为输入，所以必须将数据重新构造为 xVal. (*tensor. Dense). Reshape (bs，1，28，28)。

最后，通过 gorgonia. Let 赋值给函数。gorgonia. Read 从执行环境中读取值的地方，正是 gorgonia. Let 将值放入执行环境中的地方。之后，vm. RunAll() 执行程序，评估数学函数。作为一个编程实现的副作用，每次调用 vm. RunAll() 都会将成本值填充到 costVal 中。

在对表达式进行评估之后，也意味着可以更新表达式中的变量了。因此，使用 solver. Step(gorgonia. NodesToValueGrads（m. learnables()）) 来执行梯度更新。在此之后，调用 vm. Reset() 来重置 VM 状态，准备下一次迭代。

一般来说，Gorgonia 是非常高效的。在本书编写期间的最新版本中，完全利用了 CPU 中的所有八个内核，如下所示：

7.7 测试

当然，还必须测试所构建的神经网络。

首先加载测试数据：

```
testImgs, err := readImageFile(os.Open("t10k-images.idx3-ubyte"))
if err != nil {
    log.Fatal(err)
}

testlabels, err := readLabelFile(os.Open("t10k-labels.idx1-ubyte"))
  if err != nil {
      log.Fatal(err)
  }

testData := prepareX(testImgs)
testLbl := prepareY(testlabels)
shape := testData.Shape()
visualize(testData, 10, 10, "testData.png")
```

在最后一行中，可视化测试数据以确保拥有正确的数据集：

然后执行主测试流程。注意，这与训练流程非常相似—— 因为是同一个神经网络！

```
var correct, total float32
numExamples = shape[0]
batches = numExamples / bs
for b := 0; b < batches; b++ {
    start := b * bs
    end := start + bs
    if start >= numExamples {
        break
    }
    if end > numExamples {
        end = numExamples
    }

var oneimg, onelabel tensor.Tensor
        if oneimg, err = testData.Slice(sli{start, end}); err != nil {
            log.Fatalf("Unable to slice images (%d, %d)", start, end)
        }
        if onelabel, err = testLbl.Slice(sli{start, end}); err != nil {
            log.Fatalf("Unable to slice labels (%d, %d)", start, end)
        }
```

```
        if err = oneimg.(*tensor.Dense).Reshape(bs, 1, 28, 28); err != nil
{
            log.Fatalf("Unable to reshape %v", err)
        }
        gorgonia.Let(x, oneimg)
        gorgonia.Let(y, onelabel)
        if err = vm.RunAll(); err != nil {
            log.Fatal("Predicting (%d, %d) failed %v", start, end, err)
        }
        label, _ := onelabel.(*tensor.Dense).Argmax(1)
        predicted, _ := m.outVal.(*tensor.Dense).Argmax(1)
        lblData := label.Data().([]int)
        for i, p := range predicted.Data().([]int) {
            if p == lblData[i] {
                correct++
            }
            total++
        }
    }

    fmt.Printf("Correct/Totals: %v/%v = %1.3f\n", correct, total,
correct/total)
```

不同之处在于下列代码段：

```
label, _ := onelabel.(*tensor.Dense).Argmax(1)
predicted, _ := m.outVal.(*tensor.Dense).Argmax(1)
lblData := label.Data().([]int)
for i, p := range predicted.Data().([]int) {
    if p == lblData[i] {
        correct++
        }
    total++
}
```

在上一章中，自行编写了 argmax 函数。Gorgonia 的张量包实际上也提供了一种简便方法来实现该函数的功能。为了理解发生了什么，首先需要先分析一下结果。

m. outVal 的形状是（N，10），其中 N 是批大小。onelabel 也是相同形状。（N，10）表示 N 行 10 列。这 10 列是什么呢？当然就是编码的数字！所以我们希望得到的结果就是每行中各列的最大值。这是第一个维度。因此，在调用 .ArgMax() 时，指定 1 为轴。

因此，调用 .Argmax() 得到的结果将具有形状（N）。对于该向量中的每个值，如果对于 lblData 和 predicted 是相同的，那么识别正确的计数加 1。这提供了一种计算准确率的方法。

7.7.1 准确率

在此分析准确率，是因为上一章提到了识别准确率。这样就可以进行相应的比较。此外，可能会注意到这里缺少了交叉验证。这将留给读者作为练习。

在对神经网络进行了两小时的 50 个和 150 个 epochs 批量训练后，发现准确率达到了 99.87%。这还不是最先进的！

在上一章中，只需要 6.5 分钟就可以达到 97% 的准确率。但准确率提高 2% 需要更多的时间。这也是实际应用中的一个考虑因素。通常，业务决策是选择机器学习算法的一个重要因素。

7.8　小结

本章介绍了神经网络，并详细分析了 Gorgonia 库。然后介绍了如何使用一个 CNN 识别手写体数字。

在下一章中，将通过在 Go 语言中构建多个人脸检测系统来增强我们对计算机视觉的认知。

第8章
基本人脸检测

前几章主要是介绍如何读取图像。这是机器学习中的一个子领域，称为计算机视觉（CV）。利用 CNN（见第 7 章），发现卷积层可以学习如何过滤图像。

现在存在一种普遍的误解是，认为任何机器学习（ML）任务都必须利用神经网络和深度学习。但事实并非如此。相反，应该将深度学习看作是实现目标的一种技术，深度学习并不是无所不能。本章的目的是让读者了解如何在实际系统中更好地应用机器学习算法。本章的代码非常简单。考虑到需要解决的问题较多，因此本章的主题显得有些琐碎。然而，这些见解非常重要。希望本章能促使读者更深入地思考所面临的问题。

为此，本章所介绍的算法首先是在学术领域中提出的。然而，这些算法的提出都是由一个非常实际的需求所驱动的，通过分析这些算法是如何提出的，可以学习到很多相关知识。

本章将通过在 Go 语言中构建多个人脸检测系统，进一步提高对计算机视觉的认知。在此将使用 GoCV 和 PIGO。所构建的是一个可以由实时网络摄像头检测人脸的程序。然而，本章与前面几章的不同之处在于着重分析比较两种算法。目的是让读者更多地考虑所面临的实际问题，而不仅仅是复制粘贴代码。

8.1　什么是人脸

为了实现面部检测，需要了解面部是什么，特别是人脸。想象一下一个典型的人脸是什么样子。典型的人脸有两只眼睛、一个鼻子和一张嘴。但具有这些特征还不足以定义为一张人脸。狗也有两只眼睛、一个鼻子和一张嘴。毕竟，都是哺乳动物进化的产物。

在此，鼓励读者认真思考究竟是什么构成了一张人脸。尽管本能上已知一张人脸是什么样子，但要真正量化一张人脸的确切组成结构仍需努力。通常，这可能也会引发关于本质主义的哲学思考。

如果是观看犯罪类型电视剧，你会发现电视剧中的侦探在通过数据库进行人脸识别时，会出现由许多点和线绘制的面孔。这些点和线主要归功于 20 世纪 60 年代 Woodrow Bledsoe、Helen Chan 和 Charles Bisson 的研究工作。他们是最早研究自动人脸检测的科学家。首先需要注意的是，面部的标准特征——发际线、眉型、眼睛间距、鼻梁高度等——都是动态定义的，也就是说，这些特征都是相对测量的。这就使得人脸特征的自动检测要比预期的更具挑战性。

当时所提出的解决方案很新颖：使用一种最早期的绘图板设备，标注出眼睛、鼻子、嘴巴和其他面部特征的位置。然后将这些标注间的距离作为面部识别的特征。如今的处理过程大致相同，只是更加自动化。Bledsoe、Chan 和 gang 的研究成果需要在具体量化像素如何共同出现以形成面部特征的方面下很大功夫。

为了理解构成面部的具体特征，需进行抽象化。描绘一张人脸所需的最小点数和线数是多少？这时，分析颜文字中的抽象化表示非常具有指导意义。考虑下列颜文字：

```
(^_^)
(  _  )
(  :  )
(  :  )
( ` ´)
```

很容易看出这些所绘制的是人脸。可与下列描绘其他事物（鱼、蜘蛛、枪和炸弹）的颜文字进行对比：

```
<.))))><<
/\./\ ⌐(  ● ɜ ●)⌐ /\/\
├──┤━━━━━━
●~*
```

抽象的过程——即删除细节，直到只剩下重要部分的行为——可使人们更清晰地关注主题。这在艺术作品和数学中都是如此。同样也适用于软件工程，尽管需要仔细执行抽象实现。回到颜文字，注意到即使是高度抽象形式，也能表达情感。为了表达情绪，颜文字可表现出快乐、冷漠、喜欢、不满和愤怒。这些抽象描述提供了一条考虑图像中面部特征的途径。为了确定是否存在人脸，只需确定这些线是否存在。现在的问题就转换为如何拍照并绘制线段？

首先分析面部结构，并假设房间光线均匀。除了会导致眼球突出的毒性弥漫性甲状腺肿等疾病之外，眼睛一般都是凹陷的。这会导致眼睛区域会被脸上的眉骨和颧骨遮挡。因此在一张光线均匀的人脸照片中，眼睛是处于阴影中。另一方面，鼻子会显得更明亮，这是因为鼻子比脸的其他部分都高。同样，嘴唇上有一块由一条黑线分开的暗区和亮区。这些都是在人脸检测时需要考虑的重要特征。

8.1.1 Viola – Jones

在 21 世纪初，Viola 和 Jones 提出了一种物体快速检测方法，使得人脸检测方法得到飞速发展。尽管 Viola – Jones 方法适用于检测任何物体，但主要还是用于检测人脸。Viola – Jones 方法的关键之处在于使用了许多小分类器，以分段方式对一块图像区域进行分类。这称为级联分类器。

> (i) 为了解释得更清楚，每当提到 Viola – Jones 方法中的分类器时，都是指级联分类器中的小分类器。而在提到级联分类器时，会明确指出。

级联分类器是由许多小分类器组成。每个分类器又由多个滤波器组成。有关滤波器的简要介绍，请参阅上一章（Instaguram 滤波器的工作原理）。若要检测人脸，首先需从图像中的一小部分（称为窗口）开始。逐次运行分类器。如果在分类器中应用所有滤波器的结果之和超过分类器的预定义阈值，则将其视为人脸的一部分。然后，级联分类器移动到下一个分类器，即级联分类器的级联部分。所有分类器执行完之后，窗口滑动到下一个像素，重复上述过程。如果级联分类器中的分类器无法将某些内容识别为人脸的一部分，则删除整个区域，滑动窗口继续执行。

滤波器是通过检测上述提到的面部亮区和暗区来执行的。例如，眼睛周围的区域通常是凹陷的，因此是处于阴影中。如果对某一区域应用滤波器，这时将只突出显示眼睛：

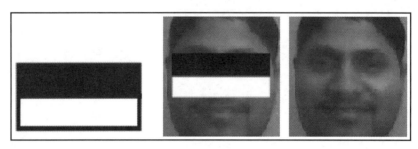

用于眼睛的分类器具有多个滤波器，是根据针对眼睛的所有测试进行配置的。鼻子的分类器具有多个针对鼻子的滤波器。在级联分类器中，可以根据重要性进行排序，也许将眼睛定义为人脸中最重要的部分（毕竟眼睛是心灵的窗户）。那么就可优先排列眼睛分类器，这样级联分类器会首先对眼睛区域进行分类。如果检测到眼睛，就接着找鼻子，然后找嘴巴。否则，滑动窗口会滑动：

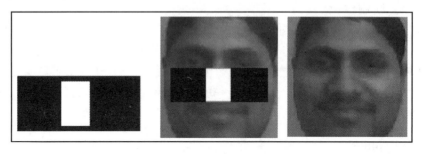

Viola - Jones 方法的另一个创新之处在于，这种方法是为用于图像金字塔而设计的。什么是图像金字塔？假设现有一幅 1024×768 的图像。该图像中有两个多尺度的人脸。一个人离镜头很近，而另一个人离得很远。只要熟悉相机光学原理，就会意识到离相机较近的人在图像中的面孔要比远离相机的人大得多。问题是，如何能够在不同尺度上检测到这两个人脸？

一种可行的解决方法是设计多个滤波器，每个滤波器对应一个尺度。但这很可能会出错。如果可以多次调整图像大小，则可以重用同一滤波器，而无需设计多个滤波器：

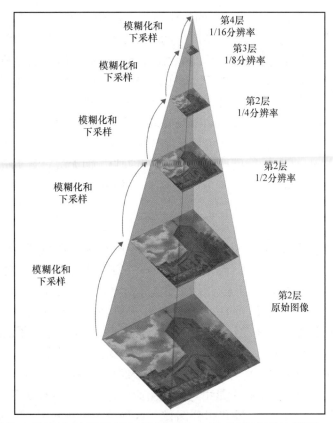

非常接近相机的人脸不会被设计用于检测较小人脸的滤波器检测到。相反，在原始图像中，分类器会检测到较小的人脸。然后，调整图像大小，减小分辨率，如 640×480。这时，较大的人脸现在变小，而较小的人脸变成一个点。现在，该分类器能够检测较大的人脸而不是较小的。但总的来说，分类器最终会检测到图像中所有的人脸。由于是直接调整图像大小，所以较小图像中的坐标可以很容易地转换成原始图像中的坐标。这样就实现了小尺度下的检测可以直接转化为原尺度下的检测。

针对这一点，如果已读完上一章，会觉得有些熟悉。这与 CNN 的工作原理非常相似。在 CNN 中，是将多个滤波器应用于一个子区域，生成一个滤波图像。然后滤波后的图像经过一个还原层（最大池化，或其他一些还原方法）。CNN 的关键之处是学习采用什么样的滤波器。事实上，每个 CNN 的第一层是学习与 Viola - Jones 方法中所用的极其相似的滤波器。

最主要的相似之处是，Viola - Jones 方法本质上是有一个滑动窗口，并将滤波器应用于图像中的一部分。这相当于 CNN 中的卷积运算。CNN 的优势在于能够学习这些滤波器，而在 Viola - Jones 方法中，滤波器是手动创建的。另一方面，Viola - Jones 方法具有级联的优点：如果其中一个分类器失效，则可以提前终止对人脸部分的搜索。这样就节省了大量计算。事实上，正是受 Viola - Jones 方法的影响，启发了 Zhang 等人在 2016 年发表的 "Joint Face Detection and Alignment Using Multitask Cascaded Convolutional Networks"，其中，采用了三种神经网络以级联方式进行人脸识别。

很容易将图像金字塔等同于 CNN 中的池化层。这是不正确的。Viola－Jones 方法中的多尺度检测是一个非常巧妙的方法，而 CNN 中的池化层可以学习更高阶的特征。也就是说，CNN 能够学习更高阶的特征，如眼睛、鼻子和嘴巴，而 Viola－Jones 方法则不行。

鉴于此，可能会认为 CNN 性能更好。确实，CNN 检测人脸的方法像人类一样——通过识别眼睛、鼻子和嘴巴作为特征，而不是对像素模板进行滤波。但直到如今，仍有理由选用 Viola－Jones 方法。况且，Viola－Jones 方法已在软件库中经过了很好的注释和优化。该方法内置在将要采用的 GoCV 中。另外，该方法比基于深度学习的模型执行速度更快，但牺牲了应用灵活性。大多数 Viola－Jones 模型只能检测正面人脸，而无法检测侧脸。

根据用例的不同，可能根本不需要基于深度学习的系统来进行人脸检测！

8.2　PICO

本章将使用的另一种技术是基于像素强度比较的目标检测（PICO），该方法最初由 Markus、Frljak 等人于 2014 年提出。与 Viola－Jones 方法的基本原理大致相同，也有一个级联分类器。但有两个不同之处。首先，没有使用滑动窗口。这与下一个不同之处有关。其次，级联分类器的分类器不同于 Viola－Jones 方法。在 Viola－Jones 方法中，使用了一种重用滤波器并对结果求和的方法进行分类。相比之下，在 PICO 中，采用了决策树。

决策树是一个其中每个节点都是一个特征且特征分支由一个阈值定义的树。在 PICO 中，决策树应用于图像中的每个像素。对于所考虑的每个像素，将像素强度与另一个位置上的另一个像素的强度进行比较。这些位置是由均匀分布产生，从而无需滑动窗口。

PICO 方法也不需要图像金字塔和积分图像。这种分类器能够从图像中直接检测人脸。因此执行速度非常快。

尽管如此，Viola－Jones 方法的优势还是显而易见的。分阶段使用分类器。首先，使用较为简单的分类器。消除人脸存在概率较低的区域。接下来，在剩余搜索区域上使用更复杂的分类器。重复上述过程，直到最后一个阶段。保留每个分类器的结果以供后续使用。

读者可能会意识到，一幅图像中确定有人脸的区域会被更多的分类器搜索。正是基于这种直觉，作者在 PICO 分类器最后引入了一个聚类步骤。规则很简单：如果分类器搜索的区域有重叠，且重叠率大于 30%，则认为属于同一聚类。因此，最终结果对微小变化具有鲁棒性。

8.2.1　关于学习的注意事项

你可能已经注意到，在前面介绍算法时，我并未提交如何学习这些模型的训练过程。这是有意为之的。由于无需训练任何模型，因此如何训练 Viola－Jones 方法和 PICO 方法来生成模型将留给读者作为练习。

相反，在本章中，希望使用已构建好的模型。这些模型都在实践中得到了广泛应用。然后将对这些方法进行比较，找出各自优缺点。

8.3　GoCV

在本章中，将采用 GoCV。GoCV 与 OpenCV 紧密相关，并提供了 OpenCV 中的一组功能。源于 OpenCV 的一个特性就是 Viola - Jones 分类器，在此将充分利用。

然而，安装 GoCV 有点棘手。需要先安装 OpenCV。在本书撰写期间，GoCV 支持的版本是 OpenCV 3.4.2。安装 OpenCV 是一个很痛苦的经历。也许了解如何安装 OpenCV 的最佳方法是访问一个名为 Learn OpenCV 的网站。该网站提供了关于在所有平台上安装 OpenCV 的指南：

- 在 Ubuntu 上安装 OpenCV：https：//www.learnopencv.com/installopencv3 - on - ubuntu/
- 在 Windows 上安装 OpenCV：https：//www.learnopencv.com/installopencv3 - on - windows/
- 在 Macos 上安装 OpenCV：https：//www.learnopencv.com/installopencv3 - on - macos/

在经过 OpenCV 的安装过程之后，安装 GoCV 就很简单了。只需执行 go get - u gocv.io.x.gocv，剩下就静心等待吧。

8.3.1　API

GoCV 的 API 与 OpenCV 的 API 非常匹配。一个特别好的 API 具有窗口显示功能。通过该窗口，可以显示网络摄像头实时接收到的图像。在需要编写新分类器的情况下，这也是一个非常有用的调试工具。

我从事程序开发已有多年。客观地说，我已见过许多设计模式和软件包。几乎所有编程语言所面临最棘手的一个问题是在程序必须调用另一种语言编写的库时存在外部函数接口问题。很少能处理得不错。大多数都是粗劣完成的，底层外部函数接口（FFI）不够直接。在 Go 语言中，FFI 是由 cgo 处理的。

很多时候，软件库开发人员（包括我）都会自作聪明，试图代表用户来管理资源。乍一看，这似乎是一种很好的用户体验，甚至是良好的客户服务，但这最终会带来很多问题。在开发过程中，Gorgonia 就经历了一系列重构，以使得资源隐喻更加清晰，特别是关于 CUDA 的使用。

综上所述，在 cgo 使用方面，GoCV 可能是与之最匹配的 Go 语言库之一。GoCV 的一致性体现在对外部对象的处理上。所有对象都看作是一种资源，因此，大多数类型都有.Close()方法。当然，GoCV 还有其他一些优点，包括 customenv 生成标记，允许库用户自定义 OpenCV 的安装位置，但我认为 GoCV 的主要好处在于将 OpenCV 对象作为外部资源处理的一致性。

使用资源隐喻处理对象的方法对于 GoCV API 的使用很有帮助。所有对象在使用后都必须释放，这是一个必须遵守的简单规则。

8.4　PIGO

PIGO 是一个使用 PICO 算法进行人脸检测的 Go 语言软件库。与 Viola - Jones 方法相比，

PICO 的执行速度更快。当然，PIGO 也很快。再加上在 GoCV 中使用了 cgo，增加了速度惩罚因子，所以 PIGO 似乎是一种更好的选择。但是，必须注意的是，与原来的 Viola – Jones 方法相比，PICO 算法更容易出现误报。

PIGO 库的使用很简单。所提供的文档也很完善。然而，PIGO 是设计用于在开发人员的工作流中运行。与工作流不同的是，需要一些额外的工作。具体来说，开发人员需要使用外部辅助程序（如 github. com/fogleman/gg）来绘制图像。而在本例项目中不需要。不过需要的处理工作并不多。

安装 pigo，只需执行 go get – u github. com/esimov/pigo/....

8.5 人脸检测程序

在此要编写一个程序，从网络摄像头读取图像，将图像传输到人脸检测器，然后在图像中绘制矩形框。最后，在绘制的矩形框中显示图像。

8.5.1 从网络摄像头获取图像

首先，建立与网络摄像头的连接：

```
func main() {
// 打网络摄像头
webcam, err := gocv.VideoCaptureDevice(0)
if err != nil {
log.Fatal(err)
}
defer webcam.Close()
}
```

在这里，使用了 VideoCaptureDevice(0) 函数，这是因为计算机运行的是 Ubuntu 系统，其中，网络摄像头是设备 0。网络摄像头在具体设备编号上可能有所不同。另外，需注意 defer webcam. Close() 这条语句。这就是 GoCV 严格执行的上述资源隐喻。网络摄像头（具体而言，是 VideoCaptureDevice）是一种类似于文件的资源。实际上，在 Linux 中，这是完全正确的，计算机上的网络摄像头安装在/dev/video0 目录下，可以通过 cat 指令从中访问原始字节。这不在本书的讨论范畴之内。关键是必须调用 . Close() 来释放使用资源。

> (i) 考虑到是在 Go 语言中编程，那么关于关闭资源以释放占用内存，自然会提出一个问题。通道是一种资源吗？不是。通道的 close(ch) 只是通知每个发送方该通道不再接收数据。

能够访问网络摄像头当然很好，但还希望能够从摄像头中获取图像。之前曾提到可以从网络摄像头的文件中读取原始数据流。现在也可以在 GoCV 下实现：

```
```
 img := gocv.NewMat()
 defer img.Close()
width := int(webcam.Get(gocv.VideoCaptureFrameWidth))
 height := int(webcam.Get(gocv.VideoCaptureFrameHeight))
fmt.Printf("Webcam resolution: %v, %v", width, height)
if ok := webcam.Read(&img); !ok {
 log.Fatal("cannot read device 0")
 }
```
```

首先，新建一个表征一幅图像的矩阵。同样，矩阵看作是一种资源，因为它是由外部函数接口拥有的。因此，可以编写 defer img. Close( )。接下来，通过查询网络摄像头获得有关分辨率的信息。现在或许并不重要，但以后会用到。不过，了解摄像头的分辨率还是很有用的。最后，将网络摄像头采集的图像读入矩阵。

此时，如果你已经熟悉 Gorgonia 的张量库，那么这种模式可能很熟悉，也很有趣。img：= gocv. NewMat( ) 没有定义大小。那么 GoCV 如何知道应为矩阵分配多少内存空间呢？答案关键在于 webcam. Read 中。OpenCV 将根据底层矩阵的需要来调整大小。这样，程序的 Go 语言部分就无需分配真正的内存。

8.5.2　图像显示

图像被读入到矩阵后，怎样才能从该矩阵中获取数据信息呢？

答案是必须将数据从 OpenCV 控制的数据结构中复制到 Go – native 数据结构中。幸运的是，GoCV 也能处理这一问题。在此，将其写入到一个文件中：

```
goImg, err := img.ToImage()
if err != nil {
log.Fatal(err)
}
outFile, err := os.OpenFile("first.png",
os.O_WRONLY|os.O_TRUNC|os.O_CREATE, 0644)
if err != nil {
log.Fatal(err)
}
png.Encode(outFile, goImg)
```

首先，矩阵必须转换成 image. Image。为此，调用 img. ToImage ( )。然后，使用png. Encode 将其编码为 PNG 文件格式。

这时会得到一个测试图像。这是本例所用图像：

图中，我拿着一个上面有美国著名作家 Ralph Waldo Emerson 照片的盒子。熟悉书写用具的读者可能会注意到，这实际上是我写作时的一个墨水品牌。

现在已实现从网络摄像头获取图像并将图像写入文件的基本流程。网络摄像头不断采集图像，但现在只是将单个图像读入矩阵，然后将矩阵写入文件。如果将上述流程写入到一个循环中，就能够连续地从网络摄像头读取图像并写入文件。

类似于有一个文件，我们可以将它写入屏幕。GoCV 与 OpenCV 完美集成，使得实现过程非常简单。这样就可以显示在一个窗口，而不是写入文件。

为此，需要首先创建一个窗口对象，命名为 Face Detection Window：
```
window := gocv.NewWindow("Face Detection Window")
defer window.Close()
```
然后，要在窗口中显示图像，只需用以下代码替换写入文件的部分：
```
window.IMShow(img)
```
运行程序，会弹出一个窗口，显示摄像头采集到的图像。

8.5.3　在图像上涂鸦

在某些时候，我们希望能在图像上进行绘制，最好是在将其输出到显示器或文件之前。GoCV 可以很好地处理。在本章中，需要绘制矩形框来表示人脸位置。GoCV 可以很好地与标准库的矩形类型接口。

要利用 GoCV 在图像上绘制矩形框，首先定义一个矩形：
```
r := image.Rect(50, 50, 100, 100)
```
在这里，定义的矩形是从位置（50，50）开始，宽 100 个像素，高 100 个像素。

然后，需要定义颜色。同样，GoCV 与标准库中的 image/color 也完全匹配。在此，定义蓝色如下：
```
blue := color.RGBA{0, 0, 255, 0}
```
现在，直接在图像上绘制矩形框！
```
gocv.Rectangle(&amp;img, r, blue, 3)
```
这样就在图像中的左上角（50，50）处绘制了一个蓝色矩形框。

现在，具有构建两种不同实现流程所需的组件。既可以将图像写入文件，也可以创建一个窗口来显示图像。处理来自网络摄像头的输入数据有两种方式：一次性处理或连续处理。同时，还可以在输出前修改图像矩阵。这为编程实现过程提供了很大的灵活性。

8.5.4　人脸检测 1

本章要使用的第一个人脸检测算法是 Viola – Jones 方法。该算法内置在 GoCV 中，可以直接使用。GoCV 的一致性提供了下一步该做什么的提示。首先需要一个分类器对象（切记执行完后要关闭！）

创建一个分类器对象如下：
```
classifier := gocv.NewCascadeClassifier()
if !classifier.Load(haarCascadeFile) {
log.Fatalf("Error reading cascade file: %v\n", haarCascadeFile)
}
defer classifier.Close()
```

注意，此时仅仅创建一个分类器是不够的，还需要加载所用的模型。所用的模型已构建完毕。最初是由 Rainer Lienhart 在 21 世纪初创建的。与同时代的大多数产品一样，该模型是一个 XML 文件。

该模型文件可以从 GoCV GitHub 资源库下载：https：//github. com/hybridgroup/gocv/blob/master/data/haarcascade_ frontalface_ default. xml。

在上述代码中，haarCascadeFile 是一个表示文件路径的字符串。GoCV 处理其余工作。

检测人脸只需下列一行语句：

```
rects := classifier.DetectMultiScale(img)
```

在这行代码中，告知 OpenCV 应使用 Viola – Jones 的多尺度检测方法进行人脸检测。在内部，OpenCV 构建了一个完整图像的图像金字塔，并在该图像金字塔上运行分类器。在每个阶段，生成表示算法判断人脸所在位置的矩形框。这些矩形框即是返回的结果。然后可以绘制在输出到文件或窗口之前在图像上。

下面是实现窗口显示的全流程代码：

```
var haarCascadeFile = "Path/To/CascadeFile.xml"
var blue = color.RGBA{0, 0, 255, 0}
func main() {
// 打开网络摄像头
webcam, err := gocv.VideoCaptureDevice(0)
if err != nil {
log.Fatal(err)
}
defer webcam.Close()
var err error
// 打开显示窗口
window := gocv.NewWindow("Face Detect")
defer window.Close()
// 准备图像矩阵
img := gocv.NewMat()
defer img.Close()
// 人脸检测矩形框颜色
// 加载分类器进行人脸识别
classifier := gocv.NewCascadeClassifier()
if !classifier.Load(haarCascadeFile) {
log.Fatalf("Error reading cascade file: %v\n", haarCascadeFile)
}
defer classifier.Close()
for {
if ok := webcam.Read(&img); !ok {
fmt.Printf("cannot read device %d\n", deviceID)
return
}
if img.Empty() {
continue
}
```

```
 rects := classifier.DetectMultiScale(img)
for _, r := range rects {
 gocv.Rectangle(&img, r, blue, 3)
 }
window.IMShow(img)
 if window.WaitKey(1) >= 0 {
 break
 }
 }
 }
```

上述程序现在可以从摄像头获取图像，检测人脸，在人脸周围绘制矩形框，然后显示图像。另外你可能会注意到，执行速度很快。

8.5.5　人脸检测 2

GoCV 可以提供实时人脸检测所需的一切操作。但是是否易于与其他人脸检测算法结合呢？答案是肯定的，只是需要经过一些处理。

在此采用 PICO 算法。已知 GoCV 中的图像是 gocv. Mat 类型。为了适用于 PIGO 算法，需要将图像转换成 PICO 可读格式。顺便提一下，这种共享格式就是标准库中的 image. Image。

另外，gocv. Mat 类型具有一个 .ToImage( ) 方法，可返回一个 image. Image。这就是实现的桥梁！

在转换之前，分析一下如何创建一个 PIGO 分类器。实现函数如下：

```
func pigoSetup(width, height int) (*image.NRGBA, []uint8, *pigo.Pigo,
                pigo.CascadeParams, pigo.ImageParams) {
 goImg := image.NewNRGBA(image.Rect(0, 0, width, height))
 grayGoImg := make([]uint8, width*height)
 cParams := pigo.CascadeParams{
                              MinSize: 20,
                              MaxSize: 1000,
                              ShiftFactor: 0.1,
                              ScaleFactor: 1.1,
 }
 imgParams := pigo.ImageParams{
                              Pixels: grayGoImg,
                              Rows: height,
                              Cols: width,
                              Dim: width,
 }
 classifier := pigo.NewPigo()

 var err error
 if classifier, err = classifier.Unpack(pigoCascadeFile); err != nil {
                log.Fatalf("Error reading the cascade file: %s", err)
 }
 return goImg, grayGoImg, classifier, cParams, imgParams
}
```

这个函数内容较多。接下来具体分析。在此按逻辑方式而不是自上向下的顺序来讨论。

首先利用 classifier：= pigo. NewPigo( ) 来创建 pigo. Pigo。这创建了一个新的分类器。与 Viola – Jones 方法一样，需要提供一个模型。

不过与 GoCV 不同，该模型是二进制格式的，需要解压。此外，classifier. Unpack 是读取一个 [ ] byte，而不是表示文件路径的字符串。需提供的模型可在 GitHub 上获得：https：// github. com/esimov/pigo/blob/master/data/facefinder。

获取到文件后，需要将其读取为 [ ] byte 型，如下面的代码段所示（封装在 init 函数中）：

```
pigoCascadeFile, err = ioutil.ReadFile("path/to/facefinder")
if err != nil {
  log.Fatalf("Error reading the cascade file: %v", err)
}
```

一旦 pigoCascadeFile 可用，就可通过 classifier. Unpack(pigoCascadeFile) 将其解压缩到分类器中。执行常见错误处理。

本节代码前面的部分是什么？为什么有必要这么做？

为了理解这一点，先分析 PIGO 是如何进行分类的。大致如下：

```
dets := pigoClass.RunCascade(imgParams, cParams)
dets = pigoClass.ClusterDetections(dets, 0.3)
```

当 PIGO 运行分类器时，需要设置两个参数以确定其性能：ImageParam 和 CascadeParams。特别是 ImageParam 的详细信息说明了实现过程。定义如下：

```
// ImageParams是图像设置相关的结构体.
// Pixels: 包含灰度转换图像的像素数据.
// Rows: 图像行数.
// Cols: 图像列数.
// Dim: 图像维度.
type ImageParams struct {
  Pixels []uint8
  Rows int
  Cols int
  Dim int
}
```

正是考虑到这一点，pigoSetup 函数才具有额外功能。goImg 并不是严格要求的，但是考虑到 GoCV 和 PIGO 之间的桥梁作用，还是非常有用的。

PIGO 要求图像数据是 [ ] uint8 型，表示灰度图像。GoCV 将网络摄像头采集的图像读入 gocv. Mat，其中有一个 .ToImage( ) 方法。该方法可返回 image. Image。大多数网络摄像头采集的是彩色图像。为了能够使 GoCV 和 PIGO 很好地配合，需要执行以下步骤：

1）从网络摄像头采集图像。

2）将图像转换为 image. Image。

3）将 image. Image 图像转换为灰度图像。

4）从灰度图像中提取 [ ] uint8。

5）对 [ ] uint8 进行人脸检测。

对于上述流程，图像参数和级联参数或多或少是静态的。按顺序处理图像。直到完成人脸检测、绘制出矩形框并将最终图像显示在窗口中，网络摄像头才能采集下一帧图像。

201

因此，每次只需为一幅图像分配内存，然后在每次循环中覆盖该图像是完全可行的。在每次调用 .ToImage() 方法时赋予一个新图像。另外，还可以有一个不规范的版本，其中重用已分配的图像。

具体实现如下：

```go
func naughtyToImage(m *gocv.Mat, imge image.Image) error {
                    typ := m.Type()
  if typ != gocv.MatTypeCV8UC1 && typ != gocv.MatTypeCV8UC3 && typ !=
                gocv.MatTypeCV8UC4 {
    return errors.New("ToImage supports only MatType CV8UC1, CV8UC3 and
                    CV8UC4")
  }

  width := m.Cols()
  height := m.Rows()
  step := m.Step()
  data := m.ToBytes()
  channels := m.Channels()

  switch img := imge.(type) {
  case *image.NRGBA:
    c := color.NRGBA{
      R: uint8(0),
      G: uint8(0),
      B: uint8(0),
      A: uint8(255),
    }
    for y := 0; y < height; y++ {
      for x := 0; x < step; x = x + channels {
        c.B = uint8(data[y*step+x])
        c.G = uint8(data[y*step+x+1])
        c.R = uint8(data[y*step+x+2])
        if channels == 4 {
          c.A = uint8(data[y*step+x+3])
        }
        img.SetNRGBA(int(x/channels), y, c)
      }
    }

  case *image.Gray:
    c := color.Gray{Y: uint8(0)}
    for y := 0; y < height; y++ {
      for x := 0; x < width; x++ {
        c.Y = uint8(data[y*step+x])
        img.SetGray(x, y, c)
      }
    }
  }
  return nil
}
```

该函数允许重用现有图像。只需循环遍历 gocv. Mat 字节并覆盖图像的底层字节。

同理，也可以创建一个不规范版本的函数，将图像转换成灰度：

```go
func naughtyGrayscale(dst []uint8, src *image.NRGBA) []uint8 {
  rows, cols := src.Bounds().Dx(), src.Bounds().Dy()
  if dst == nil || len(dst) != rows*cols {
    dst = make([]uint8, rows*cols)
  }
  for r := 0; r < rows; r++ {
    for c := 0; c < cols; c++ {
      dst[r*cols+c] = uint8(
        0.299*float64(src.Pix[r*4*cols+4*c+0]) +
          0.587*float64(src.Pix[r*4*cols+4*c+1]) +
          0.114*float64(src.Pix[r*4*cols+4*c+2]),
      )
    }
  }
  return dst
}
```

函数原型的风格不同。后者相对更好——最好能返回类型。这样就可以纠错：

```go
if dst == nil || len(dst) != rows*cols {
    dst = make([]uint8, rows*cols)
  }
```

这时，整个实现流程如下：

```go
var haarCascadeFile = "Path/To/CascadeFile.xml"
var blue = color.RGBA{0, 0, 255, 0}
var green = color.RGBA{0, 255, 0, 0}
func main() {
var err error
  // 打开网络摄像头
  if webcam, err = gocv.VideoCaptureDevice(0); err != nil {
    log.Fatal(err)
  }
  defer webcam.Close()
  width := int(webcam.Get(gocv.VideoCaptureFrameWidth))
  height := int(webcam.Get(gocv.VideoCaptureFrameHeight))

  // 打开显示窗口
  window := gocv.NewWindow("Face Detect")
  defer window.Close()

  // 准备图像矩阵
  img := gocv.NewMat()
  defer img.Close()

  // 设置 pigo
  goImg, grayGoImg, pigoClass, cParams, imgParams := pigoSetup(width,
                                                      height)
```

```
for {
  if ok := webcam.Read(&img); !ok {
    fmt.Printf("cannot read device %d\n", deviceID)
    return
  }
  if img.Empty() {
    continue
  }
  if err = naughtyToImage(&img, goImg); err !=
    log.Fatal(err)
  }
  grayGoImg = naughtyGrayscale(grayGoImg, goImg)
  imgParams.Pixels = grayGoImg
  dets := pigoClass.RunCascade(imgParams, cParams)
  dets = pigoClass.ClusterDetections(dets, 0.3)

  for _, det := range dets {
    if det.Q < 5 {
      continue
    }
    x := det.Col - det.Scale/2
    y := det.Row - det.Scale/2
    r := image.Rect(x, y, x+det.Scale, y+det.Scale)
    gocv.Rectangle(&img, r, green, 3)
  }

  window.IMShow(img)
  if window.WaitKey(1) >= 0 {
    break
  }
}
}
```

其中需注意的是，如果按照上述逻辑，那么唯一真正改变的是 imgParams. Pixels 中的数据。而其他内容并无任何变化。

回顾之前关于 PICO 算法的解释——在检测中可能有重叠。因此，需要在最终检测中增加聚类步骤。以下两行代码即是完成这一目的：

```
dets := pigoClass.RunCascade(imgParams, cParams)
dets = pigoClass.ClusterDetections(dets, 0.3)
```

0.3 是根据原始文献选取的。在 PIGO 的文档中，建议使用0.2。

另一个不同之处在于，PIGO 算法不返回矩形框作为检测结果。相反，返回 pigo. Detection 类型。将该类型转换为标准的 image. Rectangle 只需执行下列代码：

```
x := det.Col - det.Scale/2
y := det.Row - det.Scale/2
r := image.Rect(x, y, x+det.Scale, y+det.Scale)
```

运行该程序会产生一个显示网络摄像头所采集图像的窗口，其中绿色矩形框中是人脸区域。

8.5.6　算法结合

现在已有两种不同的算法来进行人脸检测。

总结如下：

- 采用 PIGO 算法的图像更加平滑——跳帧和滞后较少。
- PIGO 算法的抖动比标准的 Viola – Jones 方法略大。
- 与标准的 Viola – Jones 方法相比，PIGO 算法对旋转变化鲁棒性更强——头部更加倾斜，仍可以检测到人脸。

当然，可以将两种算法相结合：

```go
var haarCascadeFile = "Path/To/CascadeFile.xml"
var blue = color.RGBA{0, 0, 255, 0}
var green = color.RGBA{0, 255, 0, 0}
func main() {
var err error
  // 打开网络摄像头
  if webcam, err = gocv.VideoCaptureDevice(0); err != nil {
    log.Fatal(err)
  }
  defer webcam.Close()
  width := int(webcam.Get(gocv.VideoCaptureFrameWidth))
  height := int(webcam.Get(gocv.VideoCaptureFrameHeight))

  // 打开显示窗口
  window := gocv.NewWindow("Face Detect")
  defer window.Close()

  // 准备图像矩阵
  img := gocv.NewMat()
  defer img.Close()

  // 设置 pigo
  goImg, grayGoImg, pigoClass, cParams, imgParams := pigoSetup(width,
                                                      height)

  // 创建分类器并加载模型
  classifier := gocv.NewCascadeClassifier()
  if !classifier.Load(haarCascadeFile) {
    log.Fatalf("Error reading cascade file: %v\n", haarCascadeFile)
  }
  defer classifier.Close()
  for {
    if ok := webcam.Read(&img); !ok {
      fmt.Printf("cannot read device %d\n", deviceID)
```

```
    return
  }
  if img.Empty() {
    continue
  }
  // 使用 PIGO 算法
  if err = naughtyToImage(&img, goImg); err != nil {
    log.Fatal(err)
  }

  grayGoImg = naughtyGrayscale(grayGoImg, goImg)
  imgParams.Pixels = grayGoImg
  dets := pigoClass.RunCascade(imgParams, cParams)
  dets = pigoClass.ClusterDetections(dets, 0.3)


  for _, det := range dets {
    if det.Q < 5 {
      continue
    }
    x := det.Col - det.Scale/2
    y := det.Row - det.Scale/2
    r := image.Rect(x, y, x+det.Scale, y+det.Scale)
    gocv.Rectangle(&img, r, green, 3)
  }

  // 使用 GoCV 算法
  rects := classifier.DetectMultiScale(img)
  for _, r := range rects {
    gocv.Rectangle(&img, r, blue, 3)
  }

  window.IMShow(img)
  if window.WaitKey(1) >= 0 {
    break
  }
  }
}
```

由此可见，PIGO 和 GoCV 都能够相当准确地检测到人脸，且检测结果高度一致。

此外，还注意到，实际行为和在屏幕上显示的行为之间存在着相当明显的延迟。这是因为还需要很多处理工作有待完成。

8.6　算法评估

可以从许多维度来评估算法。本节主要探讨如何评估算法。

假设想要快速检测人脸，哪种算法会更好？

了解算法性能的唯一方法就是进行度量。好在 Go 语言提供了内置的基准测试。这就是将要完成的。

要构建基准测试，必须非常谨慎地确定基准。在本例中，是要对检测算法的性能进行基准测试。这意味着需要比较 classifier. DetectMultiScale、pigoClass. RunCascade 和

pigoClass. ClusterDetections。

同样，还是必须相对应地比较——如果一种算法是用 3840×2160 的图像，而另一种算法选择 640×480 的图像，这样比较是不公平的。与后者相比，前者的像素更多：

```
func BenchmarkGoCV(b *testing.B) {
  img := gocv.IMRead("test.png", gocv.IMReadUnchanged)
  if img.Cols() == 0 || img.Rows() == 0 {
    b.Fatalf("Unable to read image into file")
  }

  classifier := gocv.NewCascadeClassifier()
  if !classifier.Load(haarCascadeFile) {
    b.Fatalf("Error reading cascade file: %v\n", haarCascadeFile)
  }

  var rects []image.Rectangle
  b.ResetTimer()

  for i := 0; i < b.N; i++ {
    rects = classifier.DetectMultiScale(img)
  }
  _ = rects
}
```

其中，有一些需要注意的地方——设置是在函数中事先确定的。然后调用b. ResetTimer()。这将重置计时器，使设置时间不计入基准。第二点需要注意的是，设置分类器反复检测同一图像上的人脸。这样就能准确地了解算法的性能。最后要注意的是结尾处相当奇怪的_ = rects 这一行。这是为了防止 Go 语言优化掉调用。从技术上讲，这是不需要的，因为非常确定 Detect-MultiScale 函数相当复杂，从来没有被优化过，设置这一行只是为了保险起见。

对于 PIGO 算法，只需设置如下：

```
func BenchmarkPIGO(b *testing.B) {
  img := gocv.IMRead("test.png", gocv.IMReadUnchanged)
  if img.Cols() == 0 || img.Rows() == 0 {
    b.Fatalf("Unable to read image into file")
  }
  width := img.Cols()
  height := img.Rows()
  goImg, grayGoImg, pigoClass, cParams, imgParams := pigoSetup(width,
                                                               height)

  var dets []pigo.Detection
  b.ResetTimer()

  for i := 0; i < b.N; i++ {
    grayGoImg = naughtyGrayscale(grayGoImg, goImg)
    imgParams.Pixels = grayGoImg
    dets = pigoClass.RunCascade(imgParams, cParams)
    dets = pigoClass.ClusterDetections(dets, 0.3)
  }
  _ = dets
}
```

这次设置比 GoCV 的基准更为复杂。似乎这两个函数的基准测试不同——GoCV 基准是取 gocv. Mat 型数据，而 PIGO 基准是取 [ ] uint8 型数据。但请记住，真正感兴趣的是针对图像的算法性能。

在基准测试中增加灰度缩放的主要原因是，虽然 GoCV 采用的是彩色图像，但 Viola – Jones 方法实际上是使用灰度图像。尽管 OpenCV 在检测前已在内部将图像转换为灰度。但由于无法单独分离出检测部分，所以唯一的选择就是将转换为灰度也作为检测过程的一部分。

要运行基准测试，需要将这两个函数都添加到 algorithms_ test. go 中。然后执行 go test – run =ˆ$ – bench =. – benchmem。结果如下：

```
goos: darwin
goarch: amd64
pkg: chapter9
BenchmarkGoCV-4 20 66794328 ns/op 32 B/op 1 allocs/op
BenchmarkPIGO-4 30 47739076 ns/op 0 B/op 0 allocs/op
PASS
ok chapter9 3.093s
```

由此可见，GoCV 比 PIGO 慢 1/3。一个关键原因是为了与 OpenCV 接口而需要调用 cgo。但是，也应该注意到，PICO 算法比原始的 Viola – Jones 算法更快。PIGO 性能已超过 OpenCV 中经过大幅调整和优化的 Viola – Jones 算法，这令人印象深刻。

然而，执行速度并不是唯一指标。还有其他指标也很重要。在考虑人脸检测算法时，以下几项很重要。建议对这些指标进行测试，在此留给读者作为练习：

```
| Consideration | Test |
|:---:            |:---:|
| Performance in detecting many faces | Benchmark with image of crowd |
| Correctness in detecting many faces | Test with image of crowd, with
                                    known numbers |
| No racial discrimination | Test with images of multi-ethnic peoples
                         with different facial features |
```

8.7　小结

本章学习了如何使用 GoCV 和 PIGO，并构建了一个可以通过网络摄像头实时检测人脸的程序。在本章的最后，实现了一个实用的人脸识别系统，熟悉了面部特征的哈希概念，并了解了如何使用 Gorgonia 库套件以及 OpenCV 所绑定的 GoCV 进行快速推断。

在下一章中，将讨论没有自行构建算法的一些影响。

第 9 章
热狗或者不是热狗[○]
——使用外部服务

在前面的章节中，一直在强调理解算法中隐含的数学问题的重要性。简单回顾一下。首先从线性回归开始，接着是朴素贝叶斯分类器，然后是数据科学中一个更为复杂的问题：时间序列。随后，围绕 K 均值法讨论了聚类问题，这之后的两章是关于神经网络的。在所有这些章节中，都解释了这些算法中隐含的数学原理，并惊讶地发现，所生成的程序短小而简单。

本书的目的是要在数学理论和具体实现之间保持微妙的平衡。希望我已经提供了足够的信息，使你能够了解数学原理以及如何运用。这些项目都是实际项目，但通常是形式多样，简练而非学术性的。因此，你可能会惊喜地发现本章没有包含太多数学解释。恰恰相反，本章旨在引导读者了解更多的真实场景。

在上一章中，讨论了人脸检测问题。给定一幅图像，我们想要找到人脸。但是这些人脸是谁呢？为了了解这些人脸都属于谁，需要进行人脸识别。

9.1 MachineBox

如前所述，一般不会太关注人脸检测中所涉及的数学原理。相反，需要利用外部服务来执行识别。这个外部服务就是 MachineBox。MachineBox 非常智能。无需自行编写深度学习算法，而是将常用的深度学习功能封装到容器中，只需直接使用即可。那常用的深度学习功能是什么呢？如今，人们已越来越依赖深度学习来完成人脸识别等任务。

正如 21 世纪初 Viola – Jones 的研究成果，目前也只有几种常用的模型——在此使用的是在 2002 年 Rainer Lienhart 提出的类似 Haar 的级联模型。对于深度学习模型也是如此，将在下一章中详细讨论其中的含义。所谓模型，指的是深度学习网络中的实际权重（有关更深入的介绍，请参见第 7 章）。这些常用模型是封装在 MachineBox 中的，可直接使用。

值得注意的是，MachineBox 是一项付费服务。不过提供了一些免费应用，足以满足本章的需要。我和 MachineBox 没有任何关系。只是觉得这是一家很有个性的公司，所做的工作值得肯定。另外，也不会做一些龌龊的事情，比如暗中对信用卡收费，所以我认为这值得

○ 这源于美国电视剧《硅谷》。——译者注

赞赏。

9.2 什么是 MachineBox

首先且最重要的是，MachineBox 是一项服务。机器学习算法很好地封装为云服务。此外，因为 MachineBox 注重开发人员的实际体验，所以提供了可用于开发的 SDK 和本地实例。这是以容器的形式出现的。设置 Docker，在 MachineBox 网站上运行命令，就完成了！

在本例项目中，希望使用人脸识别系统来识别人脸。MachineBox 提供了一种名为 facebox 的服务。

9.2.1 登录和注册

首先，需要登录到 MachineBox。打开网址 https：//machinebox. io，然后单击 Sign Up（注册）。登录页面相同，非常方便。然后 MachineBox 会通过电子邮件发送一个链接。单击该链接，即可进入下面的页面：

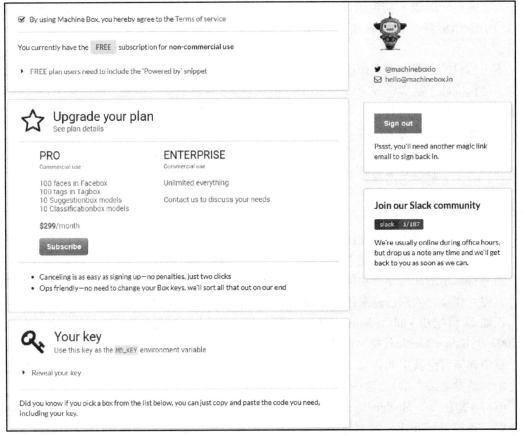

单击 Reveal your key（显示密码）。复制密码。如果终端使用的是基于 UNIX 的操作系统，如 Linux 或 MacOS，请执行以下命令：

```
export MB_KEY="YOUR KEY HERE"
```

或者，如果想长久保存该环境变量，只需编辑终端配置文件（我使用的是 Linux 和 Ma-cOS 上的 bash，所以要编辑的文件是 .bash_ profile 或 .bashrc，这取决于使用的是哪种操作系统）。

在 Windows 中：

1）打开系统 | 控制面板。

2）单击高级系统设置。

3）单击环境变量。

4）在系统变量中，单击新建。

5）添加 MB_ KEY 作为键，变量就是键。

MachineBox 依赖于另一项基于 Go 语言的技术：Docker。大多数现代软件开发人员都已在机器上安装了 Docker。如果还没有安装 Docker，可以访问 https：//docs. docker. com/install/，安装社区版 Docker。

9.2.2 Docker 安装与设置

一切准备就绪后，就可以执行以下命令来运行 MachineBox：

```
docker run -p 8080:8080 -e "MB_KEY=$MB_KEY" machinebox/facebox
```

9.2.3 在 Go 语言中使用 MachineBox

要实现与 MachineBox 的交互，只需访问 http：//localhost：8080。在此将在弹出框中看到一组选项。不过现在希望以编程的方式与该服务进行交互。为此，MachineBox 提供了一个 SDK。要安装该 SDK，只需运行 go get github. com/machinebox/sdk - go/facebox。这就安装完成了 SDK，以便与 facebox 交互。

9.3 项目

这是本书的最后一个项目。因此，为了更有意义，是在上一章项目的基础上构建的，但需要稍加改动。亚洲有个说唱歌手名叫 MC Hotdog。那么，在此建立一个人脸识别系统来判断一张脸是不是 MC Hotdog 本人。

需要做的是从网络摄像头中读取图像，然后利用 MachineBox 来确定图像中是否有 MC Hotdog。另外，再次使用 GoCV 从网络摄像头读取图像，不过这次是将图像发送到 MachineBox 来进行分类。

9.3.1 训练

MachineBox 是一种作为服务的机器学习系统。大概是在 MachineBox 后端的某个地方有一个通用模型，如一个已经过许多人脸图像训练的卷积神经网络，这时已知道人脸是什么样子。不过 MachineBox 不能提供具体任务所需的特定模型。因此，需要提供训练数据对 MachineBox 中的模型进行微调。按照 MachineBox 的术语，这称为示教。出于好奇，我收集了少量可用的 MC Hotdog 人脸图像，非常适合用于判别 MC Hotdog 长什么样的 MachineBox 的示教任务。

对于本例项目，图像保存在 hotdog. zip 文件中。将文件解压缩到一个名为 HotDog 的文件夹下。在本例项目中，该文件夹应与 main. go 在同一级。

只需利用所提供的 SDK 就可以训练 MachineBox 模型。程序代码如下：

```go
import "github.com/machinebox/sdk-go/facebox"

func train(box *facebox.Client) error {
    files, err := filepath.Glob("HotDog/*")
    if err != nil {
        return err
    }
    for _, filename := range files {
        f , err := os.Open(filename)
        if err != nil {
            return err
        }

        if err := box.Teach(f, filename, "HotDog"); err != nil {
            return err
        }
        if err := f.Close(); err != nil {
            return err
        }
    }
    return nil

}

func main(){
```

```
box := facebox.New("http://localhost: 8080")
if err := train(box); err !=nil {
    log.Fatal(err)
}
}
```

这样，就具有了一个如何示教 MachineBox 识别 MC Hotdog 的完整教程。MachineBox 使得这一切变得非常简单，以至于都无需了解深度学习系统中隐含的数学知识。

9.3.2 从网络摄像头读取图像

至此，希望你已经阅读了上一章并安装了 GoCV。如果还没有，请先参阅 8.3 节。

要从网络摄像头中读取数据，只需将以下几行添加到主文件中。或许你已发现这是上一章中的代码段：

```
// 打开网络摄像头
webcam, err := gocv.VideoCaptureDevice(0)
if err != nil {
    log.Fatal(err)
}
defer webcam.Close()

// 准备图像矩阵
img := gocv.NewMat()
defer img.Close()

if ok := webcam.Read(&img); !ok {
    log.Fatal("Failed to read image")
}
```

当然，令人困惑的是如何将 img（gocv. Mat 类型）传输给 MachineBox。在 MachineBox 客户端上具有一个读取 io. Reader 的 Check 方法。而 img 有一个返回字节切片的 ToBytes 方法。结合 bytes. NewReader，就能够很容易地将 io. Reader 传给 Check。

但如果按上述操作，不会成功。

原因如下：MachineBox 期望输入的是 JPEG 或 PNG 格式。如果不是，将会出现 400 Bad Request 错误。格式不正确的图像也会导致这种问题，这就是为什么 box. Teach( ) 返回的错误在前一行中故意未处理的原因。在实际设置中，可能需要检查是否返回的是 400 Bad Request 错误。

img 中图像的原始字节没有编码为一种已知图像格式。相反，必须将 img 中的图像编码为 JPEG 或 PNG，然后将其传给 MachineBox，如下所示：

```
var buf bytes.Buffer
prop, _ := img.ToImage()
if err = jpeg.Encode(&buf, prop, nil); err != nil {
    log.Fatal("Failed to encode image as JPG %v", err)
}

faces, err := box.Check(&buf)
fmt.Printf("Error: %v\n", err)
fmt.Printf("%#v", faces)
```

在这里，实际上是利用 *bytes. Buffer 充当 io. Reader 和 io. Writer。这样，就不必直接写入文件，而是将所有数据保存在内存中。

9.3.3　美化结果

程序输出结果，具体如下：

```
Error: <nil>
[]facebox.Face{facebox.Face{Rect:facebox.Rect{Top:221, Left:303, Width:75,
Height:75}, ID:"", Name:"", Matched:false, Confidence:0, Faceprint:""}}
```

这是在终端上输出的晦涩不直观的结果。现在已是图形用户界面的时代！那么就将结果绘制出来吧。

为此，希望有一个窗口可以显示网络摄像头中的内容。然后，在按下某个键时，采集图像，并由 MachineBox 进行处理。如果找到一个人脸，则在其周围绘制一个矩形框。如果人脸被识别为 MC Hotdog，则将该矩形框标记为 HotDog，其后是置信度。否则，该矩形框应标记为 Not HotDog。实现代码稍有些复杂：

```
// 打开网络摄像头
webcam, err := gocv.VideoCaptureDevice(0)
if err != nil {
    log.Fatal(err)
}
defer webcam.Close()

// 准备图像矩阵
img := gocv.NewMat()
defer img.Close()

// 打开显示窗口
window := gocv.NewWindow("Face Recognition")
defer window.Close()

var recognized bool
for {
    if !recognized {
        if ok := webcam.Read(&img); !ok {
            log.Fatal("Failed to read image")
        }
    }

    window.IMShow(img)
    if window.WaitKey(1) >= 0 {
        if !recognized {
            recognize(&img, box)
            recognized = true
            continue
        } else {
            break
        }
    }
}
```

但如果将其分解，可以看到 main 函数中的代码分为两部分。第一部分是处理打开网络摄像头并创建一个窗口来显示图像。上一章已对此进行了详细介绍。

接下来，特别关注下面的无限循环部分：

```
for {
    if !recognized {
        if ok := webcam.Read(&img); !ok {
            log.Fatal("Failed to read image")
        }
    }

    window.IMShow(img)
    if window.WaitKey(1) >= 0 {
        if !recognized {
            recognize(&img, box)
            recognized = true
        } else {
            break
        }
    }
}
```

上述代码的作用是，首先检查识别过程是否已完成。如果没有，通过网络摄像头采集图像，然后利用 window. IMShow（img）显示图像。这构成了主循环——网络摄像头连续采集图像，然后立即在窗口中显示。

但是按下按键会发生什么？后面的代码块表示等待按键事件 1ms。如果有任何事件发生，先检查图像是否已经过识别。如果没有，调用 recognize，输入从矩阵和 MachineBox 客户端中采集的图像。然后设置 recognized 标志为 true。这样，若再一次按下按键，则退出程序。

Recognize 函数是绘制操作的核心所在。如果你已读过上一章，那应该很熟悉了。Recognize 函数如下：

```
var blue = color.RGBA{0, 0, 255, 0}

func recognize(img *gocv.Mat, box *facebox.Client) (err error) {
    var buf bytes.Buffer
    prop, _ := img.ToImage()
    if err = jpeg.Encode(&buf, prop, nil); err != nil {
        log.Fatal("Failed to encode image as JPG %v", err)
    }

    // rd := bytes.NewReader(prop.(*image.RGBA).Pix)
    faces, err := box.Check(&buf)
    // fmt.Println(err)
    // fmt.Printf("%#v\n", faces)

    for _, face := range faces {
        // 绘制一个矩形框
        r := rect2rect(face.Rect)
        gocv.Rectangle(img, r, blue, 3)
```

```
        lbl := "Not HotDog"
        if face.Matched {
            lbl = fmt.Sprintf("%v %1.2f%%", face.Name,
face.Confidence*100)
        }
        size := gocv.GetTextSize(lbl, gocv.FontHersheyPlain, 1.2, 2)
        pt := image.Pt(r.Min.X+(r.Min.X/2)-(size.X/2), r.Min.Y-2)
        gocv.PutText(img, lbl, pt, gocv.FontHersheyPlain, 1.2, blue, 2)
    }
    return nil
}
```

在这里，又看到熟悉的代码，首先将图像编码为 JPEG，然后将其发送到 MachineBox 客户端进行分类。接着，对于检测到的每一张人脸，在其周围绘制一个蓝色矩形框。facebox. Face 定义如下：

```
type Face struct {
    Rect       Rect
    ID         string
    Name       string
    Matched    bool
    Confidence float64
    Faceprint  string
}
```

facebox. Face 是用于识别人脸，如果匹配，再给出置信度。因此，如果检测到一张人脸，程序员就可以访问这些字段。

但首先，必须解决矩形框问题。MachineBox 所用的矩形框定义与标准库中的 image. Rectangle 不同。

因此，需要一个辅助函数将 facebox. Rect 转换为 image. Rectangle：

```
func rect2rect(a facebox.Rect) image.Rectangle {
    return image.Rect(a.Left, a.Top, a.Left+a.Width, a.Top+a.Height)
}
```

矩形定义方法只有几种。两种类型之间的转换非常简单。

绘制完成矩形框后，需标记标签。如果人脸识别为 MC Hotdog，则会将其标记为 HotDog。MachineBox 还提供了置信度值，是 0 ~ 1 之间的数字，用来表示该人脸是 HotDog 还是 Not HotDog。因此，还需要绘制标签。

9.4 结果

可能对识别结果非常好奇。以下是其中一些识别结果：我的脸以 57% 的置信度被归类为 HotDog。实际上，利用手机和其他一些人的照片进行人脸识别，发现有些人更像 HotDog，如下图所示：

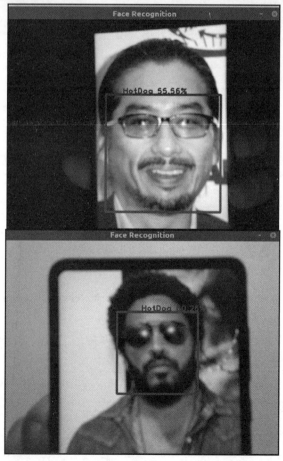

9.5　这一切意味着什么

这是否意味着 MachineBox 的算法不好？简单来说，肯定不是，不能认为 MachineBox 算法不好。具体来说，需要结合工程理解和机器学习理解来进行更详细的分析。就 facebox 的算法而言，目前还没有关于 facebox 组成的确切细节。不过可以推断出一些信息。

首先，注意到已匹配的图像，其置信度都超过 50%。由此可以假设 facebox 认为只有置信度大于 50% 时才会确定是匹配项。通过在一个包含 1000 多张人脸图像的目录上运行识别器进行了验证。只有那些匹配的图像才有大于 50% 的置信度。程序如下：

```
func testFacebox() error {
    files, err := filepath.Glob("OtherFaces/*")
    if err != nil {
        return err
    }
    var count, lt50 int
    for _, filename := range files {
        f , err := os.Open(filename)
        if err != nil {
            return err
        }
        faces, err := box.Check(f)
        if err != nill {
            return err
        }
        for _, face := range faces {
            if face.Matched && face.Confidence < 0.5 {
                lt50++
            }
        }
        if err := f.Close(); err != nil {
            return err
        }
        count++
    }
    fmt.Printf("%d/%d has Matched HotDog but Confidence < 0.5\n", lt50,
count)
    return nil
}
```

考虑到这一点，意味着不能直接使用 facebox 的 .Matched 字段作为真值，除了非常基本的用例。相反，必须考虑返回结果的置信度。

例如，设置一个更高的阈值，认为是与 HotDog 匹配。若设置为 0.8，表明只有 MC Hotdog 的图像才能被识别为 HotDog。

由此得到的经验是，需要理解由他人创建的 API。本章提供的代码非常简短。这表明了 MachineBox 对开发人员的友好性。但这并不能排除开发人员已对项目至少具有最基本的理解。

9.6　为什么采用 MachineBox

我更喜欢开发自己的机器学习解决方案。当然，有人会将其归因于自负。但是，在第 1 章中，介绍了存在不同类型问题的概念。其中一些问题可以通过机器学习算法来解决。一些问题可能只需通用的机器学习算法，而有些问题需要由通用算法中派生出的专用算法。本书的大部分内容只展示了通用算法，读者可以根据自己的具体问题自行调整。

同时我也认识到通用机器学习算法作为一部分解决方案的意义。假设正在开发一个程序来重新整理计算机中保存的个人照片，就没有必要花费很长时间来训练一个基于人脸语料库的 CNN。因为主要任务是整理照片，而不是人脸识别！相反，可以使用一个已训练好的模型。这些现成的解决方案适用于这些解决方案只占很小比例的问题。现在，越来越需要这样的现成解决方案。

因此，现在许多机器学习算法都是作为一种服务来提供的。亚马逊网络服务有自己的产品，谷歌云和微软 Azure 也是如此。为什么在本章中没有介绍这些内容呢？对此应该了解的一个原因是，我喜欢离线工作。对我而言，发现一边工作一边上网只会分散注意力——无聊信息、电子邮件和其他各种各样的网站都在争夺本来就很少的注意力。因此，我更喜欢离线工作和思考问题。

云服务公司确实提供机器学习作为一种服务，但都需要访问互联网。值得称道的是，MachineBox 是提供一个 Docker 镜像。只需要 Docker 接入就可以了。下载文件也只需一次性互联网连接。一旦下载完成，整个工作流就可以离线开发了。或者正如本章中所有代码一样，可以在一个平台上开发。

MachineBox 的主要优势是，不必依赖需始终连接到云服务。当然，这并非其所有优点。MachineBox 以对开发人员友好性而闻名。我能够在飞行途中编写本章的大部分代码，就足以证明 MachineBox 具有的开发友好性。客观地说，即使一个经验丰富的机器学习库开发人员，人脸识别也是不容易实现的。

9.7　小结

最后，值得一提的是，MachineBox 确实对免费应用有一些限制，但对于个人项目而言，根据我的经验，不会遇到什么问题。尽管我对各种机器学习即服务系统持保留意见，但我认为它们确实体现了其价值。我时常使用机器学习即服务，但一般并非完全需要。不过，还是强烈建议读者了解一下。

本章结合上一章，介绍了机器学习在业界的广泛应用。如果不是主要问题所需，那么并非所有机器学习算法都必须从头开始编写。很幸运能够有我喜欢的事业：构建自定义的机器学习算法。这可能会影响我对这个问题的看法。如果你是一名需要在截止日期前必须解决一些大规模业务问题的工程师，那么这两章就是为此准备的。

下一章将介绍在 Go 语言中实现机器学习的更多途径。

第 10 章
今后发展趋势

本书中涉及的项目都是小型项目。可以在一两天内完成。而一个实际项目往往需要数月时间。而且需要结合机器学习专业知识、工程专业知识和 DevOps 专业知识。如果不涉及多个章节，且同时保持相同的细节水平，则不可能实现这样的项目。事实上，正如本书章节安排所体现的，随着项目变得越来越复杂，细节水平也随之下降。本书的最后两章就很精简。

总之，在本书中完成了很多工作。但是，所涉及的内容并不足够全面。这是由于我缺乏机器学习在其他应用领域的专业知识。在概述性的第 1 章中，提到机器学习系统有多种分类机制，而我选择了最常见的一种方案，即只有无监督学习和有监督学习两种类型。显然，还有其他分类方案。在此介绍另一个机器学习有五种分类的机制：

- 联结主义（Connectionist）
- 进化主义（Evolutionary）
- 贝叶斯派（Bayesian）
- 类比派（Analogizer）
- 符号主义（Symbolist）

在此，使用的是机器学习一词。其他人可能会使用人工智能这一术语来对这些系统进行分类。两者的差异很微妙。这五个类别是人工智能技术的思想流派。这为所讨论的主题提供了一个更大的平台。

其实在本书中已探讨了人工智能的不同思想流派（仅有两种未涉及）。对于联结主义流派，在第 2 章中的线性回归、第 8 章中的各种神经网络，以及第 10 章今后发展趋势中都有所涉及。对于贝叶斯流派，第 3 章中的朴素贝叶斯，以及第 6 章中的 DMMClust 算法都属于此类。另外，还有各种距离和聚类算法，这些算法在某种程度上属于类比流派。

但是，本书中尚未涵盖人工智能的两个思想流派——进化主义和符号主义。对于前者，我只有一些理论经验。对人工智能进化主义流派的理解不是很深刻。之后需要向 Martin Nowak 等人多多学习。对于后者，我比较熟悉，有人认为我在介绍 Go 语言的同时已体现出在符号主义流派方面具有许多经验。

在本书中没有介绍任何关于符号主义流派的主要原因是，作为一个主题，涉及的内容过多，而我又不能很好地阐述这一主题。这比联结主义流派更直接地揭示了复杂多样的哲学含义。这些问题尚未准备好如何去处理，可能读者已知晓。

可以这么说，我生命中最令人振奋的时刻之一就是在 Go 语言中构建 DeepMind 的 Alpha-

Go 算法。相关代码可以访问：https：// github. com / gorgonia / agogo。这是一个非常庞大的项目，并成功地由一个四人小组完成。这是一次意义非凡的经历。AlphaGo 算法将联结主义深度的神经网络与符号主义的搜索树有机结合。尽管取得了这样的成就，但我仍认为自己不具备介绍人工智能符号主义方法的能力。

所有这些都提出了一个问题：今后发展趋势是什么？

10.1　读者应该关注什么

每次在上机器学习和人工智能课时都会有人问这个问题。在概述性的第 1 章中提到，有人可能想成为机器学习从业者或机器学习研究人员。我的职业正好兼顾了这两种角色。因此，有一些经验，可以为对这两个领域感兴趣的读者提供一些建议。

10.1.1　从业者

对于从业者来说，最重要的技能不在于机器学习，而在于对问题的理解。言外之意是，从业者至少还应该了解哪些机器学习算法适合于当前问题。显然，这需要了解机器学习算法的工作原理。

刚从事该领域的人会经常问道，深度学习能否解决所有问题。答案显然是否定的。必须针对问题量身定制解决方案。实际上，非深度学习解决方案通常在执行速度和准确性方面优于深度学习解决方案。这些通常都是简单问题，由此得出一条很好的经验法则：如果是非组合性问题，很可能不需要使用深度学习。

非组合性是什么意思？回顾在第 1 章中是如何介绍问题类型的，以及如何将问题分解为子问题的。如果子问题本身又是由更多的子问题组成，那么这意味着问题实际上是由子问题组成的。非组合性问题不需要深度学习。

当然，这是对该问题的一个非常粗略的概述。不过始终需要对问题有更深入的了解。

10.1.2　研究人员

对于研究人员来说，最重要的技能是理解机器学习算法如何高效运行。接下来，理解数据结构是最重要的。只有真正理解数据结构才能编写出实际算法。

值得注意的是，数据表示和数据结构之间的区别。也许将来的某一天（希望不会太远），将会出现数据表示无关紧要的编程语言。但现在，数据表示仍然很重要。一个良好的表示将产生有效的算法。表示不当会导致算法性能不佳。

在大多数情况下，我建议从简化开始，首先尽可能使问题易于理解。然后开始去除不必要的部分。第 3 章中的朴素贝叶斯就是一个很好的示例。直接表示贝叶斯函数是相当繁琐的。但是在理解算法的运行后，可以使其高效且简单。

但有时，一些复杂性是不可避免的。这是因为算法本身就很复杂。而一些复杂性是需要权衡的，比如 Gorgonia 的使用。深度学习是其核心，只需用一个复杂的数学表达式表示。但为了更新权重，需要反向传播。反向传播只是直接微分。但没有人愿意手动计算！只能一步步计算微分！因此，一些复杂性是不可避免的。

智慧在于知道这些复杂性何时是不可避免的。而智慧来自于经验，所以建议研究人员要尽可能多地实践。完成不同规模的项目也会积累不同的经验。例如，在多台机器上大规模执行 K 均值算法是与前几章中介绍的代码截然不同。

10.2 研究人员、从业者及其利益相关者

关于规模一词——一种趋势是为解决问题采用软件包或外部程序，如 Spark。通常情况下，确实有助于问题解决。但是，根据我的经验，在执行大规模项目时，最终没有一个通用的解决方案。因此，需要学习基础知识，在必要时，可以参考基础知识并根据实际情况进行推断。

其次，在规模这一问题上——研究人员和从业者都应该学会规划项目。这是我非常不擅长的。即使在多个项目经理的配合帮助下，机器学习项目也有失控的倾向。有效管理需要严格的纪律。这既与执行者相关，也是利益相关者的责任。

最后，要学会理解利益相关者的期望。我从事的很多项目都失败了。可以说项目失败本身就是一个是否合格的判断标准。对于我参与的大多数项目，都定义了成功和失败的标准。如果是一个相对传统的基于统计的项目，那么这些标准就是一个零假设。如果不能拒绝零假设，就意味着失败。同样，较为复杂的项目会有多个假设——这些假设是 F 分数等形式。好好学习利用这些工具，并与利益相关者进行沟通。另外，必须意识到，大多数机器学习项目在最初的几次尝试中都会失败。

10.3 本书未涉及的内容

关于 Go 语言，还有许多需要探讨的内容。以下是可能需要进一步探索的一些内容的非详尽列表：

- 随机树和随机森林（Random trees and random forests）
- 支持向量机（Support vector machines）
- 梯度提升法（Gradient – boosting methods）
- 最大熵法（Maximum – entropy methods）
- 图解法（Graphical methods）
- 局部异常因子（Local outlier factors）

如果本书再版的话，会包含上述内容。如果熟悉机器学习方法，可能会注意到，与本书中的内容相比，这些方法，特别是前三个，可能是性能最高的机器学习方法。或许想知道为何不介绍这些内容。这些方法所属的流派可能提供了线索。

例如，随机树和随机森林可认为是伪符号主义——这是符号主义流派的分支，起源于决策树。支持向量机是类比流派。最大熵法和图解法都属于贝叶斯派。

本书主要侧重于联结主义流派有一个重要原因：深度学习现在很流行。如果受欢迎的流派不同，那么本书内容也会有明显不同。另外，还存在一个解释性问题。尽管可以很好地解释支持向量机，但这涉及大量的数学类比。另一方面，如果不解释支持向量机的工作原理，那么相关章节的内容会很少——支持向量机的标准实现是使用 libsvm 或 svmlight。只需调用

库所提供的函数就能完成工作！所以又需要详细解释支持向量机。

10.4　更多学习资源

我坚信机器学习方法不应该与编程语言联系在一起。如果明天出现一种新的编程语言，提供比 Go 语言更好的性能，同时具备类似于 Go 语言对开发人员的友好性，那么我会立即转向这种语言。我不必担心必须重新学习新的机器学习方法。我已经熟悉了这些方法，可以用这种新语言简单地重新编写。因此，我主张机器学习与编程语言无关。

如果你想了解有关机器学习算法的更多知识，我推荐 Christopher Bishop 的 *Pattern Recognition and Machine Learning*。尽管这不是一本新书，但你会惊讶地发现机器学习的很多新发展都是源于此书。

如果你想了解更多关于深度学习的知识，我推荐 Ian Goodfellow 和 Yoshua Bengio 的 *Deep Learning*。这是一本新书，虽然非常理论化，且没有代码，但学到的见解是无价的。

如果你想了解更多关于基于 Go 语言和 Gorgonia 进行深度学习的内容，可以参考 Darrell Chua 和 Gareth Seneque 撰写并由 Packt 出版社即将出版的一本书。其中涵盖了广泛的深度学习相关主题。

如果你想要了解更多关于基于 Go 语言的数据科学和机器学习的知识，我推荐 Daniel Whitenack 的 *Machine Learning with Go*。这是有关基于 Go 语言的机器学习的第一本书，直到今天，仍然是一个优秀的学习资源。

如果你想了解更多关于 Go 语言的知识，我强烈推荐 Alan Donovan 和 Brian Kernighan 撰写的 *The Go Programming Language*。Kernighan 就是 C 语言经典著作的作者 K&R 中的 K。在 Go 语言上，他也缔造了辉煌成就。